하하하
유아식

발달 단계별 편식 해결 프로젝트

영유아 식품 전문가 김명희 지음

mom & enfant

세 살 밥상의 힘을 믿으세요.

유아식 만들기가 거뜬하고 행복한 일이 되도록 도와드리겠습니다.

아이가 자는 틈틈이 이유식 재료를 다듬고, 다지고, 데치고, 볶고…. 이유식이 끝나면 아이 밥상 걱정은 사라질 줄 알았는데, 곧바로 유아식이 시작되면서 엄마들 한숨 소리가 더 커집니다. 어른 반찬처럼 자극적인 음식을 줄 수도 없고, 그렇다고 간이 안 된 반찬을 주면 아이는 퉤! 뱉어버리기 일쑤이기 때문입니다. 새로운 유아식의 세계가 열린 거죠. 식재료 크기부터 간하기, 재료 고르기까지 엄마는 또다시 고민에 빠집니다. '한참 성장할 시기에 영양 균형은 어떻게 맞춰야 하나, 이렇게 대충 먹여도 되나, 과자랑 아이스크림을 너무 많이 주는 건 아닐까' 고민하지만 마땅한 방법을 찾기가 쉽지 않습니다. 그러다 보면 아이에게도 영양 공백기가 찾아오기 쉽습니다.

유아식 시기를 맞은 엄마들의 고민을 잘 알기에 2013년 〈하하하 유아식〉, 2015년 〈하하하 한 그릇 유아식〉을 펴냈습니다. 두 권의 책에는 아이 개월 수에 따라 어떤 재료를 어떻게 썰어서 아이 밥과 반찬을 만들어줄 것인지, 영양을 고루 갖춘 식판 밥상은 어떻게 차려줘야 하는지, 간편하면서도 영양소는 고루 갖춘 한 그릇 유아식 레시피까지 꼼꼼히 담아 유아식 길잡이 역할을 했다 자부합니다.

유아식 시기 아이 밥상을 고민하는 엄마들을 위해 두 권의 책을 묶어 〈하하하 유아식〉 완결편을 내놓습니다. 첫 장부터 차근차근 따라 하기만 하세요. 누구나 맛있고 건강한 아이의 한 끼 밥상을 차릴 수 있습니다. 유아식에 관해 그동안 엄마들이 간지러웠지만 손이 닿지 않아 긁지 못하던 곳들을 시원하게 긁어줄 것입니다.

'첫' 이유식, '첫' 유아식을 어떻게 시작하느냐가 아이의 평생 식습관을 좌우하고 건강의 발판이 됩니다. 이 책은 엄마가 아이와 오랜 시간 밥상 앞에서 전쟁을 치르지 않아도 되는 방법을 알려줄 것입니다.

영유아 식품 전문가 김명희

CONTENTS

PART 1
하하하 유아식의 기본

010 반드시 기억해야 할 하하하 유아식, 원칙 10 가지
012 아이가 꼭 먹어야 할 필수 식재료, 피해야 할 식재료
016 치아 개수와 시기별 식재료의 크기
018 엄마표 천연 맛 베이스
024 이 책에서 활용한 쉬운 계량법
026 성장기 아이에게 꼭 필요한 영양소

PART 2
생후 15~18개월 '유아식 초기'

– **단백질과 칼슘이 듬뿍! 이 시기 필수 밥상**
030 아욱된장국+연두부달걀찜
032 참깨콩비짓국+표고버섯잡채
034 바지락미역국+시금치게살볶음

036 쇠고기뭇국+대구구이간장조림

038 명란맑은국+두부새우동그랑땡

040 닭안심감잣국+동태살완자조림

042 대구살호박국+우유달걀말이

044 북어부춧국+다진고기장조림

– **필요한 영양소가 골고루! 한 그릇 밥상**

046 두부닭고기덮밥

048 콩비지덮밥

050 오징어동그랑땡덮밥

052 느타리버섯쇠고기덮밥

054 닭가슴살칼국수

056 감자찹쌀수제비

058 두부유부소면

060 물김치국수

– **초간단 아침식사**

062 감자우유전

064 양송이버섯달걀구이

066 구운 참치소주먹밥

068 김치말이주먹밥

076 두부된장국+새우고구마조림

078 감잣국+숙주게살초무침

080 미역냉국+오징어채소볶음

082 쇠고기맑은국+두부새우볶음

084 달걀부춧국+닭가슴살콜리플라워볶음

– **필요한 영양소가 골고루! 한 그릇 밥상**

086 데리야키쇠고기덮밥

088 가지된장덮밥

090 두부강정깻잎덮밥

092 간장조림닭가슴살덮밥

094 봉골레스파게티

096 온메밀국수

098 새우탕

100 잣들깨탕

– **초간단 아침식사**

102 간장김밥

104 양송이수프

106 달걀밥

108 채소죽

PART 3

생후 18~24개월 '유아식 중기'

– **두뇌 발달에 좋은 필수 밥상**

072 미소된장국+오렌지소스굴튀김

074 버섯미역국+새우브로콜리볶음

PART 4

생후 24~36개월 '유아식 후기'

– **알레르기가 있는 아이를 위한 영양 밥상**

112 맑은뭇국+브로콜리바지락볶음

114 흰살생선미역국+양배추애호박볶음

116 부추바지락맑은국+감자찜닭

118 참깨미역국+새우청경채볶음

– **편식하는 아이를 위한 솔루션 밥상**

120 애호박새우살국+시금치달걀말이

122 황태콩나물국+부추감자전

124 두부김칫국+채소튀김

126 계살부추달걀국+짜장소스연근볶음

– **필요한 영양소가 골고루! 한 그릇 밥상**

128 오징어덮밥

130 해물짜장밥

132 뚝배기버섯불고기밥

134 감자수제비국밥

136 달걀브로콜리스크램블드덮밥

138 김치치즈덮밥

140 간장우동볶음

142 오미자비빔국수

– **초간단 아침식사**

144 아침감자

146 달걀굴림밥

148 꽃빵샌드위치

150 조랭이떡국

PART 5
생후 36~60개월 '유아식 완료기'

– **편식하는 아이를 위한 솔루션 밥상**

154 숙주탕+쇠고기간장볶음+채소달걀스크램블드

156 김치짜장볶음+달걀국

158 된장잡채+콩나물국

160 유부바지락된장볶음+순두붓국

– **자극적인 맛에 길들지 않는 건강 밥상**

162 양송이수프+콜슬로+치킨케사디아

164 김치볶음+감자샐러드+핑거치킨

166 고추장소스립+통감자구이

168 오징어튀김+매콤토마토소스+고구마매시

– **필요한 영양소가 골고루! 한 그릇 밥상**

170 데리야키연어덮밥

172 고추장삼겹살덮밥

174 햄버그스테이크덮밥

176 콩나물무밥

178 흰살생선카레덮밥

180 베트남쌀국수

182 육개장칼국수

184 바나나팥칼국수

– **초간단 아침식사**

186 달걀찜밥

188 프렌치토스트+과일

190 순두부탕

192 게살밥그라탱

PART 6
세 가지 대표 식재료를 활용한 엄마표 건강 간식

196 오렌지주스
197 오렌지소스닭가슴살강정
198 오렌지주스셔벗
199 오렌지주스화채
200 오렌지주스수프
201 오렌지소스쇠고기탕수육
202 견과류
203 아몬드쿠키
204 호두찜케이크
205 견과류절편샌드
206 치즈
207 치즈떡케이크
208 치즈김치전
209 치즈샌드위치

PART 7
약이 되는 유아식

– **콜록콜록 감기에 좋아요**
212 취나물호두소스무침
214 간장무조림
216 미나리물김치

– **변비를 해결해줘요**
218 당근초나물
220 미역오징어초무침
222 고구마치즈전

– **면역력을 쑥쑥 키워요**
224 파프리카잡채
226 표고버섯새우볶음
228 우렁된장비빔밥

– **건강하게 날씬해져요**
230 두부조림
232 양배추파프리카숙채
234 카레달걀말이

– **누구나 만들 수 있는 우리 아이 첫 김치**
236 깍두기
237 백김치
238 오이김치
239 사과동치미

–
240 SOS! 밥 잘 먹는 아이로 키우고 싶어요!

PART 01 | **SECTION**
❶ 유아식 원칙 10　　　　　❹ 엄마표 천연 맛 베이스
❷ 필수 식재료 + 피해야 할 식재료　　❺ 계량법
❸ 치아 개수와 시기별 식재료 크기　　❻ 꼭 필요한 영양소

유아식을 시작하기 전에
필수 정보를 확인하세요

유아식은 아이의 평생 입맛을 설계하는 설계도와 같습니다. 유아식도 이유식처럼 반드시 초기·중기·후기·완료기로 나눠 진행해야 합니다. 아이 치아 개수에 따라, 씹는 연습 단계에 따라 유아식을 먹어야 하기 때문입니다. 치아를 잘 관리하려면 영구치가 날 때까지 음식을 잘 섭취해야 합니다. 재료의 무르기와 크기는 아이 치아는 물론 식습관에도 영향을 미칩니다. 아이를 쑥쑥 자라게 하는 필수 식재료, 피해야 하는 식재료, 만들어두면 좋은 엄마표 맛 베이스, 국물 만들기 그리고 한 그릇 유아식에 활용하면 좋을 밑밥 아이디어 등 유아식에 필요한 여러 가지 정보를 담았습니다. 냉장고에 붙여놓고 두고두고 활용해보세요.

PART 01 | **SECTION**
❶ 유아식 원칙 10   ❹ 엄마표 천연 맛 베이스
❷ 필수 식재료 + 피해야 할 식재료   ❺ 계량법
❸ 치아 개수와 시기별 식재료 크기   ❻ 꼭 필요한 영양소

반드시 기억해야 할
하하하 유아식, 원칙 10가지

유아식을 만들기 전 엄마가 꼭 알아둬야 할 몇 가지를 정리했습니다.
밥 잘 먹는 아이, 바른 식습관을 가진 아이로 키우고 싶다면
다음 10가지 원칙을 숙지해두세요.

하나 아이는 부드럽고 싱거운 음식을 좋아해요

이 시기 아이는 싱겁고 부드러운 음식, 향이 강하지 않은 음식을 좋아합니다. 이유식을 하는 동안 잘게 다진 음식만 먹어온 터라 아이는 아직 덩어리진 음식을 낯설어하죠. 아이가 싫어하는 식재료는 갈고 으깨서 다른 식재료와 섞어주거나 볶고 튀기는 등 아이가 좋아하는 방식으로 조리해 먹이세요. 조금씩 간을 해도 되지만 소금이나 설탕은 최소한으로 사용합니다.

둘 식재료의 크기가 중요합니다

유아식을 하는 2~6세는 유치가 모두 나고, 난 순서대로 빠지고, 다시 영구치가 나는 시기로 씹는 능력이 성인에 비해 현저히 떨어집니다. 유아식 식재료의 크기는 아이 개월수와 치아 개수에 맞게 썰어줘야 합니다. 전, 튀김 등도 한입 크기로 만들어주세요.

셋 따뜻하게 만들어주세요

아이는 너무 뜨겁거나 찬 음식보다 실온 정도의 따뜻한 음식을 좋아합니다. 국이나 전, 튀김 등이 너무 뜨거우면 아이가 먹다 입안을 델 염려가 있으므로 알맞게 식혀 먹입니다.

넷 예쁜 그릇에 보기 좋게 담아주세요

이 시기에는 음식의 모양과 색깔, 그릇에 담은 모양새에 따라서도 식욕이 생깁니다. 특히 편식하는 아이에게 음식을 예쁘게 담아주면 호기심을 유발하는 좋은 도구가 됩니다. 한꺼번에 너무 많은 양을 담기보다는 부족한 듯 담아줘서 아이가 더 달라고 요구하게 하는 것이 좋습니다.

다섯 주의해야 할 식품을 미리 알아두세요

대부분의 음식을 다 먹을 수 있지만 피해야 하는 식품도 있습니다. 설익은 과일에 들어 있는 타닌은 소화 장애를 일으킬 수 있고, 기름기 많은 음식과 향신료, 조미료, 강한 향을 내는 채소는 소화기관을 자극하므로 피해야 합니다. 농축된 당이 든 간식이나 탄산음료는 식욕을 잃게 하므로 제한하는 것이 좋습니다.

여섯 하루가 아닌 한 주의 영양을 고려해서 식단을 짜세요

매 끼니 아이에게 필요한 하루 열량과 영양소를 다 넣겠다는 욕심을 버리세요. 한 끼에 모든 영양소를 넣으려고 재료를 이것저것 풍성하게 넣으면 아이에게 오히려 거부감을 줄 수 있습니다. 아무리 영양 가득한 유아식이라도 아이가 먹지 않으면 아무런 의미가 없습니다. 아이의 영양 계획은 하루보다는 한 주 단위로 구성하는 것이 좋습니다.

일곱 아이가 좋아하는 식재료 한 가지는 꼭 넣어주세요

이제 아이는 좋아하는 음식과 싫어하는 음식을 먹을 때의 감정을 표현할 수 있습니다. 유아식을 시작하는 단계라면 아이에게 친숙한 재료 한 가지는 꼭 넣어서 아이를 밥상으로 유인해보세요. 앞에 언급했듯이 예쁜 그릇에 보기 좋게 담아주는 것도 잊지 마세요.

여덟 한 그릇 유아식은 미리 비벼주지 마세요

밥과 고명을 섞어 비벼주면 이유식같아 보여 아이가 잘 먹지 않습니다. 한 그릇 유아식은 밥 위에 고명을 따로 얹어 아이가 고명 재료를 맛보고 탐색한 뒤에 섞어주는 것이 좋습니다. 아이가 재료 본연의 향과 맛을 느낄 수 있고, 밥과 재료가 섞이면 또 다른 맛이 난다는 것도 알 수 있도록 말이죠.

아홉 한 그릇 유아식은 밥 양을 적게 담으세요

한 그릇 유아식은 밥 위에 부재료를 얹기 때문에 밥과 반찬을 따로 먹는 것보다 자칫 양이 많아질 수 있으므로 밥 양은 평소보다 적게 담는 것이 좋습니다. 약간 부족한 듯이 담아주고 아이가 더 먹으려고 하면 그때 더 주세요.

열 하루 한 끼만 한 그릇 유아식으로 구성하세요

한 그릇 유아식은 간편하게 만들면서도 아이에게 영양소를 골고루 섭취시킬 수 있는 좋은 방법이지만 하루 세끼를 모두 한 그릇 유아식으로 만들어주는 것은 피해야 합니다. 유아식 시기는 아이가 밥과 국, 반찬으로 구성된 일반적인 밥상으로 식사 예절, 올바른 식습관 등을 배워야 하는 시기이므로 한 그릇 유아식은 하루 한 끼면 충분합니다.

PART 01 | **SECTION**
❶ 유아식 원칙 10
❷ 필수 식재료 + 피해야 할 식재료
❸ 치아 개수와 시기별 식재료 크기
❹ 엄마표 천연 맛 베이스
❺ 계량법
❻ 꼭 필요한 영양소

자주 먹이세요!
아이가 꼭 먹어야 할 필수 식재료

이 시기는 신체와 두뇌 발달이 왕성한 성장기인 만큼 아이에게
자주 먹여야 할 필수 식재료가 있습니다. 어떤 영양소를 담고 있는지
살펴보고 유아식 식단에 현명하게 활용해보세요.

달걀 양질의 단백질과 지질, 인, 칼슘, 철분, 비타민 A·B·E와 엽산 등이 풍부한 완전식품이다. 양질의 단백질은 성장기 아이의 근육과 뼈를 튼튼하게 하는 데 도움을 주고, 노른자에 함유된 레시틴과 인지질은 두뇌 발달이 가장 활발하게 이뤄지는 0~3세 아이의 뇌세포와 신경세포의 구성을 도와 기억력과 집중력을 향상시키는 효과가 있다. 이외에 눈의 망막 보호, 시력 회복 등에도 도움을 준다.

두부 식감이 부드러워 아이들이 비교적 잘 먹지만 물컹거리는 느낌 때문에 싫어하는 아이도 있다. 피가 되고 살이 되는 단백질이 풍부하고 뼈와 치아를 튼튼하게 하는 칼슘 함량이 높아 서양에서는 아시아의 치즈라고도 불린다. 조직이 부드럽고 두부에 풍부한 올리고당이 장운동을 도와 단백질의 소화 흡수율이 95% 이상으로 높다. 아이가 단백질을 섭취하는 데 최고 식품으로 꼽는 이유다.

견과류 호두·잣·해바라기씨·아몬드 등 견과류는 양질의 불포화지방산과 단백질이 풍부하고 비타민 B_1, 무기질의 함량이 높아 성장기 아이의 신체와 두뇌 발달에 좋은 식품이다. 단단한 고형이라 씹는 활동을 활발하게 해주므로 두뇌, 턱, 치아 발달에 두루 도움을 준다. 하지만 알레르기 반응을 일으키기 쉬우므로 처음 먹일 때는 소량 먹여본 후 알레르기 증상이 나타나지 않는지 확인해야 한다. 특히 땅콩은 주의해서 먹인다.

미역 칼슘이 많아 아이의 뼈를 튼튼하게 해주는 식품이다. 미역 100g당 칼슘이 1000mg 함유돼 있으며 이는 우유 500ml를 마셨을 때 섭취할 수 있는 양이다. 칼륨도 풍부하다. 미역 100g당 약 5g 들어 있는 칼륨은 나트륨을 소변으로 배출시키는 역할을 해 아이가 나트륨 함량이 많은 음식을 먹을 때 식단에 활용하면 좋다. 요오드 등 무기질과 식이섬유도 풍부해 피를 맑게 하고 소화를 돕는다.

브로콜리 비타민 C가 레몬의 2배나 들어 있다. 브로콜리 3분의 1송이만 먹어도 성인 하루 권장량을 모두 섭취할 수 있을 정도. 철분 또한 다른 채소보다 2배나 많이 들어 있어 철분의 왕으로도 불린다. 철분이 많이 함유된 식품을 자주 섭취하면 아이의 집중력을 길러주고, 입맛을 살려준다.

호박 베타카로틴이 풍부한 녹황색채소로 주성분은 당질이지만 비타민 A가 풍부하고 식이섬유, 비타민 $B_1 \cdot B_2 \cdot C$, 칼슘·철분·인 등 미네랄이 균형 있게 들어 있어 아이 밥상에 자주 올리면 좋은 식품이다. 비타민 A는 면역력을 길러주고 비타민 C와 함께 세포 점막을 건강하게 유지해주는 역할을 한다. 호박의 당분은 소화 흡수가 잘되기 때문에 위장이 약한 아이에게 좋다.

낙지·오징어 신경을 안정시키는 아세틸콜린을 비롯해 다량의 무기질과 양질의 단백질이 함유되어 있다. 뼈와 치아를 이루는 핵산이 풍부해 아이들의 골격 형성에 도움을 준다. 특유의 질긴 식감이 있으므로 유아식에는 잘게 잘라서 넣는다.

쇠고기 양질의 단백질이 풍부한 대표 식품으로 성장기 아이의 필수 식재료다. 특히 체내에서 합성될 수 없어 반드시 식품으로 섭취해야 하는 필수아미노산인 라이신이 풍부해 성장 발달에 도움을 준다. 다른 육류에 비해 철분도 풍부해 빈혈을 예방한다. 유아식 재료로는 지방이 적은 안심, 채끝, 우둔살을 사용하는 것이 좋다.

닭고기 다른 육류에 비해 칼로리는 월등히 낮은 반면, 양질의 단백질 함량은 높아 아이의 성장 발달에 좋고, 소화도 잘된다. 아이의 면역 기능을 강화하는 아연도 듬뿍 들어 있다. 유아식 재료로 쓸 때는 껍질은 벗겨내고, 지방이 적은 가슴살을 사용한다. 단백질이 풍부한 반면, 비타민과 무기질은 부족하므로 브로콜리, 당근, 감자, 파프리카 등 녹황색채소와 함께 먹는 것이 좋다.

돼지고기 돼지고기 지방은 무조건 안 좋다고 생각하기 쉬운데, 녹는점이 사람의 체온보다 낮아서 대기오염, 식수 등으로 몸속에 축적된 유해물질을 깨끗하게 씻어내는 역할을 한다. 하지만 아이는 아직 소화력이 완벽하게 발달하지 않았기 때문에 지방이 적은 부위를 먹는 것이 좋다. 안심 부위는 지방이 적고 부드러우며 단백질이 풍부하다.

우엉 식이섬유가 풍부해 장 건강에 좋을 뿐 아니라 폐를 튼튼하게 해 감기 예방에도 효과적이다. 철분 함량이 높아 빈혈을 예방하는 효과도 있다. 섬유질이 질긴 편이라 유아식 초·중기에는 잘게 다져주는 것이 좋다.

문어 다량의 비타민과 타우린을 함유하고 있어 보양식으로 꼽히는 식품. 비타민 A와 철분이 풍부해 시력 발달과 빈혈에 좋고, 오메가-3와 DHA가 풍부해 아이의 두뇌 발달에 도움이 된다.

연근 칼륨이 풍부해 나트륨 배출을 돕고, 비타민 C가 레몬만큼 풍부하게 들어 있어 면역력 향상에 좋은 식품. 식이섬유도 풍부해 소화가 잘되고, 변비가 있는 아이에게 좋다. 연근의 녹말은 체내에서 서서히 흡수돼 오랜 시간 속을 든든하게 해주기 때문에 활동량이 많은 이 시기 아이들에게 좋은 에너지원이 된다.

전복 단백질이 풍부해 보양식 중 으뜸으로 꼽힌다. 다양한 아미노산이 아이의 면역계를 강화하고 비타민 A가 풍부해 시력 발달에도 좋다.

부추 성질이 따뜻해 아이의 몸을 따뜻하게 보호하고 면역력을 높인다. 유아식을 막 시작해 위에 부담을 느끼는 아이의 위장을 달래기에 좋은 채소로 위장 기능을 강화할 뿐 아니라 설사와 복통에도 좋다. 식중독의 독성을 풀어줄 만큼 항균 작용이 뛰어나며 향이 강하지 않아 유아식에 자주 사용하면 좋다.

아직 먹이지 마세요! 피해야 할 식재료

유아식을 시작한 아이는 대부분의 음식을 먹을 수 있지만 자극적인 음식,
날음식 등은 탈이 날 수 있으므로 피해야 합니다. 아이에게 주의해서 먹여야 할 식품을 알려드립니다.

향이 강한 채소 셀러리, 더덕, 허브, 생강 등 특유의 향이 강한 식재료는 아이가 거부감을 느껴 편식이 생길 수 있으므로 음식에 넣더라도 아주 소량 사용한다. 특히 셀러리나 더덕은 섬유질이 질기기 때문에 아이가 씹기 힘들다.

날음식 생선회, 육회 등 날로 먹는 음식은 바이러스균을 옮길 가능성이 높다. 아직 면역체계가 잡히지 않은 이 시기 아이에게는 간혹 치명적인 영향을 줄 수 있으므로 되도록 익혀서 먹이는 것이 좋다.

식감이 단단한 음식 생밤, 생고구마, 연근, 생당근 등 식감이 단단한 채소는 아직 치아가 약한 아이에게는 씹는 것 자체가 부담이 된다. 삶거나 굽거나 잘게 다져 먹인다.

질긴 음식 아직 충분히 씹는 연습을 하지 못한 이 시기 아이에게 마른 오징어 같은 질긴 음식은 치아와 위장에 부담을 주므로 피한다.

매운 음식 청양고추, 생강 등 매운 식재료는 자극적이기 때문에 아이 위장에 무리가 될 수 있다. 생강은 육류나 어류의 잡내를 잡을 때 즙을 내서 소량 사용하는 것이 좋다.

땅콩 알레르기를 유발하는 성분이 들어 있다. 부모에게 알레르기가 없다면 크게 주의하지 않아도 되지만 땅콩 알레르기가 있을 경우 심하면 자칫 사망에 이를 정도로 위험하므로 주의해야 한다.

은행 어른도 다량 섭취하면 은행의 독소로 인해 설사나 복통을 일으킬 수 있다. 아직 소화기관이 약한 아이에게는 먹이지 않는 것이 좋다.

남은 재료 냉동 보관법

유아식을 만들 때 자주 사용하는 식재료는 적당량을 구입해 미리 손질해 냉동 보관해두고 필요할 때마다 해동해 사용하면 요긴하고 편리합니다. 식품들의 냉동 보관법을 알려드립니다.

육류는 얼리면 비슷비슷해 보이므로 냉동실에 넣기 전 종류와 날짜를 기입해두는 것이 좋습니다.

쇠고기 ❶ 깍둑 썰어 아이 전용 양념으로 밑간한다. 냉동용 지퍼백에 평평하게 담은 후 공기를 빼고 밀봉해 냉동한다. ❷ 깍둑 썰어 아이가 먹을 만큼 1회분씩 랩으로 감싸 냉동용 지퍼백에 담아 냉동한다.

닭고기 ❶ 깍둑 썰어 물기를 제거한 후 1회분씩 나눠 랩으로 포장해 지퍼백에 담아 냉동한다. ❷ 닭가슴살이나 닭안심을 대파, 마늘과 함께 삶아 식힌 후 가늘게 찢어 1회분씩 랩으로 포장해 냉동용 지퍼백에 담아 냉동한다.

돼지고기 깍둑 썰어 1회분씩 나눠 랩으로 포장한 후 냉동용 지퍼백에 담아 냉동한다.

흰살 생선 가시를 제거하고 포를 뜬 뒤 1~2토막씩 랩으로 포장해 냉동용 지퍼백에 넣어 냉동한다.

새우 껍질을 벗기고 머리와 내장을 제거한 뒤 끓는 물에 삶아 냉동용 지퍼백에 넣어 냉동한다. 칵테일 새우는 10마리씩, 중하·대하는 3마리씩 냉동하는 것이 적당하다.

조개 ❶ 해감 후 냉동용 지퍼백에 담고 조개가 잠길 정도로 물을 넣어 얼린다. ❷ 데쳐 살만 발라낸 뒤 1회분씩 랩으로 포장해 냉동용 지퍼백에 넣어 냉동한다.

브로콜리 한 송이씩 잘라 끓는 물에 30초간 데쳐 찬물에 담가 식힌 후 냉동용 지퍼백에 넣어 냉동한다.

부추 다듬어 씻어 물기를 제거한 뒤 0.5cm 길이로 송송 썰어 냉동용 지퍼백에 넣어 냉동한다.

파프리카 채 썰어 1회분씩 랩으로 포장해 냉동용 지퍼백에 넣어 냉동한다.

버섯 먹기 좋은 크기로 찢거나 잘라 프라이팬을 달궈 식용유를 살짝 두르고 부드러워질 때까지 볶아 식힌 뒤 1회분씩 랩으로 포장해 냉동용 지퍼백에 넣어 냉동한다.

두부 칼등으로 곱게 으깬 뒤 프라이팬을 달궈 식용유를 살짝 두르고 볶아 두부 소보루를 만든다. 한김 식혀 냉동용 지퍼백에 넣어 냉동한다.

치아 개수와 시기별 식재료의 크기

유아식을 조리할 때 엄마들이 특히 신경 써야 하는 것이 식재료의 크기입니다.
아이의 치아 개수를 확인해 그에 맞게 식재료를 잘라주는 것이
아이의 식습관을 올바르게 길러줄 수 있는 중요한 기초 작업입니다. 아이의 치아 개수별로
유아식 식재료의 크기를 실제 크기로 표기했습니다.

 A-HA!

❶ 치아 발달은 아이마다 개인 차가 크다. 평균 치아 개수에 못 미친다면 이전 단계를 조금 더 진행하는 것이 좋다(유아식 중기를 시작할 연령이라도 유아식 초기를 조금 더 진행하는 것).
❷ 시금치처럼 줄기와 잎으로 이뤄진 채소의 경우 잎 부분은 익으면 숨이 죽기 때문에 정해진 크기보다 조금 더 크게 썰어도 괜찮다. 중기부터는 줄기도 먹을 수 있으므로 시기별 크기에 맞춰 썬다.
❸ 브로콜리, 콜리플라워 등 송이 모양 채소는 다지듯이 썰어 크기를 맞춘다.
❹ 당근, 감자, 버섯 등 단단한 채소는 사방 크기를 맞춰 썬다.
❺ 육류는 조리하면 크기가 줄기 때문에 시기별 적정 크기보다 0.5~1cm 더 크게 썬다.

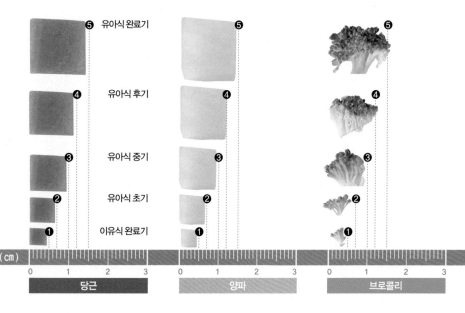

❺ 유아식 완료기
❹ 유아식 후기
❸ 유아식 중기
❷ 유아식 초기
❶ 이유식 완료기

(cm)
0　1　2　3　　당근
0　1　2　3　　양파
0　1　2　3　　브로콜리

시기	❶ 이유식 완료기	❷ 유아식 초기	❸ 유아식 중기	❹ 유아식 후기	❺ 유아식 완료기
치아 개수 / 식재료	윗니 6개 아랫니 4개	윗니 6개 아랫니 6개	윗니 8개 아랫니 8개	윗니 10개 아랫니 10개	윗니 10개 아랫니 10개
당근	0.3~0.5cm	0.5~0.7cm	0.7~1cm	1~1.2cm	1.2~1.5cm
양파	0.3~0.5cm	0.5~0.7cm	0.7~1cm	1~1.2cm	1.2~1.5cm
브로콜리	0.3~0.5cm	0.5~0.7cm	0.7~1cm	1~1.2cm	1.2~1.5cm
시금치	0.3~0.5cm	0.5~0.7cm	0.7~1cm	1~1.2cm	1.2~1.5cm
흰살 생선	0.3~0.5cm	0.5~0.7cm	0.7~1cm	1~1.2cm	1.2~1.5cm
닭고기	0.8~1cm	1~1.2cm	1.2~1.7cm	1.5~1.7cm	2~2.2cm
쇠고기	0.8~1cm	1~1.2cm	1.2~1.7cm	1.5~1.7cm	2~2.2cm

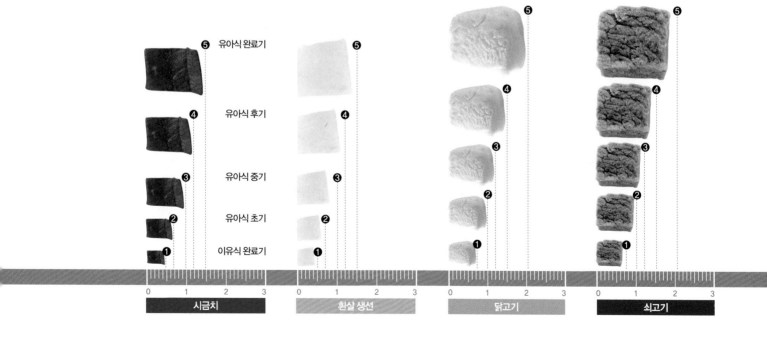

❺ 유아식 완료기
❹ 유아식 후기
❸ 유아식 중기
❷ 유아식 초기
❶ 이유식 완료기

시금치   흰살 생선   닭고기   쇠고기

PART 01 | **SECTION**
❶ 유아식 원칙 10   ❹ 엄마표 천연 맛 베이스
❷ 필수 식재료 + 피해야 할 식재료   ❺ 계량법
❸ 치아 개수와 시기별 식재료 크기   ❻ 꼭 필요한 영양소

두 배로 맛있게 해줄 유아식 비법
엄마표 천연 맛 베이스

유아식은 이유식과 달리 조금씩 간을 해도 되지만 소량 사용해야 하기 때문에
오히려 더 맛을 내기가 쉽지 않다는 엄마들이 많습니다. 그런 엄마들을 위해 한 그릇 유아식을
두 배로 맛있게 해줄 밑밥과 맛국물, 소스 만드는 법을 알려드립니다.

국물

채소 국물

양배추·무 1/4개씩
대파 1/2대
양파 1개
당근 1/2개 **물** 5컵

1 채소는 모두 깨끗이 씻어 손질한다.

2 냄비에 ①을 담고 물을 부어 센 불로 끓이다가 물이 끓어오르면 중간 불로 줄여 20분간 끓인다.

3 ②를 면보에 밭쳐 국물만 받아 사용한다.

표고버섯 국물

마른 표고버섯 3개
물 5컵

1 마른 표고버섯은 부드러운 솔이나 마른 행주로 겉면을 털어내듯 닦는다.

2 냄비에 ①을 담고 물을 부어 센 불로 끓이다가 물이 끓어오르면 불을 끄고 온기로 국물을 우린다.

3 ②를 체에 받쳐 국물만 받아 사용한다.

다시마 국물

다시마(3×4cm 크기) 3장
물 5컵

1 다시마는 마른행주로 겉면을 가볍게 닦는다.

2 냄비에 ①을 담고 물을 부어 센 불로 끓이다가 물이 끓어오르면 중간 불로 줄여 20분간 끓인다.

3 ②를 체에 받쳐 국물만 받아 사용한다.

멸치 국물

국물용 멸치 5마리
무 1/8개 **다시마**(3×4cm 크기) 1장
물 5컵

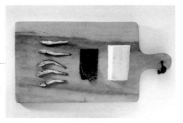

1 국물용 멸치는 머리와 내장을 제거하고 무와 다시마는 깨끗이 손질한다.

2 냄비에 ①을 담고 물을 부어 센 불로 끓이다가 물이 끓어오르면 중간 불로 줄여 20분가량 끓인다.

3 ②를 면보에 받쳐 국물만 받아 사용한다.

조개 국물

바지락 1컵 **대파** 1/2대
마늘 5쪽 **양파** 1/2개 **물** 5컵

1 조개는 소금물에 담가 해감한 후 씻고, 채소는 깨끗이 손질한다.

2 냄비에 ①을 담고 물을 부어 센 불로 끓이다가 물이 끓어오르면 중간 불로 줄여 뽀얀 국물이 우러나올 때까지 끓인다. 중간중간 떠오르는 거품을 걷어낸다.

3 ②를 면보에 밭쳐 국물만 받아 사용한다.

닭고기 국물

닭 1/4마리 **대파** 1/2대
마늘 4쪽 **물** 5컵

1 닭은 깨끗이 씻어 지방을 떼어내고 채소는 깨끗이 손질한다.

2 냄비에 ①을 담고 물을 부어 센 불로 끓이다가 물이 끓어오르면 중간 불로 줄여 뽀얀 국물이 우러나올 때까지 끓인다. 중간중간 떠오르는 거품을 걷어낸다.

3 ②를 면보에 밭쳐 국물만 받아 사용한다.

쇠고기 국물

쇠고기 100g **마늘** 6쪽
대파 1/2대
무 1/4개 **물** 5컵

1 쇠고기는 키친타월로 감싸 핏물을 제거하고 채소는 깨끗이 손질한다.

2 냄비에 ①을 담고 물을 부어 센 불로 끓이다가 물이 끓어오르면 중간 불로 줄인다. 중간중간 떠오르는 거품을 걷어내며 20분 이상 끓인다.

3 ④를 면보에 밭쳐 국물만 받아 사용한다.

밑밥 ▶ 한 그릇 유아식에 활용하세요.

유아식 초기

밥 1컵 **간장** 1작은술
참기름 1/2작은술

이 시기 아이는 소금에 노출된
정도가 약하기 때문에 그에
맞추어 간장을 넣는다.
간장은 나트륨 함량이 소금의
5분의 1 정도다. 아직은
불포화지방산이 다량 함유된
참기름을 소화하기 힘들므로
참기름은 1/2작은술만 넣는다.

유아식 중기

밥 1컵 **간장** 1작은술 **참기름** 1/2작은술
간 깨 1/2작은술

초기보다는 아이의 소화력이
향상되기 때문에 깨를 함께
넣어준다. 하지만 소화력이
충분하지 않으므로 깨는 반드시
갈아서 사용한다.

유아식 후기

밥 1컵 **참기름** 1작은술
간 깨 1/2작은술 **소금** 1/2작은술

이제 아이는 불포화지방산을
충분히 소화할 수 있을 정도로
소화력이 향상됐으므로
참기름을 이전보다 조금 더
넣어준다. 이제 소금을 소량
사용해도 된다.

유아식 완료기

밥 1컵 **간장** 1작은술
참기름 1작은술

일반 반찬을 대부분 먹을 수 있을
정도로 소화력이 발달한다.
나트륨에도 좀 더 노출되어
있으므로 간장과 참기름을
1작은술씩
넣어줘도 좋다.

 A-HA! 본래 밑밥은 향토 음식에서 밥에 미리 양념을 해서 맛을 돋우는 요리법을 말합니다. 그 밑밥을 한 그릇 유아식의 맛을 결정하는 포인트로 활용했습니다. 밥에 미리 살짝 간을 해서 감칠맛을 더하는 것이지요. 대신 고명은 심심하게 간을 해 나트륨의 양을 줄입니다. 고명의 간이 세면 아이가 고명만 집어먹고 밥은 먹지 않을 수 있는데, 밥맛이 고소하기 때문에 밥을 잘 안 먹는 아이도 비벼주든, 따로 먹이든 잘 먹습니다. 그야말로 밥을 잘 먹지 않는 아이에게 밑밥의 위력은 대단합니다. 유아식 시기별로 밑밥에 들어가는 재료가 다른데, 아이의 치아 개수와 소화 능력, 나트륨에 노출된 빈도 등을 고려해 밑밥을 만들어야 하기 때문입니다. 시기별로 밑밥을 활용해 밥 잘 먹는 아이로 키우세요.

토마토케첩

토마토 4개 **양파** 1/2개
설탕 1큰술 **소금** 약간
녹말물(녹말:물=1:1) 2큰술

1 토마토는 아랫부분에 십자로 칼집을 넣어 끓는 물에 살짝 데쳐 껍질을 벗기고 4등분한다. 양파는 굵직하게 썬다.

2 믹서에 ①을 넣고 곱게 갈아 냄비에 쏟고 중간 불로 끓이다가 졸기 시작하면 체에 걸러 토마토 씨를 제거한다.

3 ②를 냄비에 쏟고 중간 불에서 끓이면서 설탕과 소금으로 간한 뒤 양이 반 정도 줄면 녹말물을 넣어 농도를 맞춘다.

파기름

대파 흰 부분 2대
포도씨유 2컵

1 대파는 깨끗이 씻어 7cm 크기로 썬다.

2 냄비에 포도씨유를 붓고 낮은 온도에서 달군 후 대파를 넣어 40초 정도 두었다가 체로 건져낸다.

3 ②를 거름종이에 걸러 식혀서 사용한다.

고추기름

고춧가루 2큰술
포도씨유 2컵

1 고춧가루와 포도씨유를 준비한다.

2 냄비에 포도씨유를 1큰술 정도 두르고 고춧가루를 넣어 낮은 온도에서 타지 않게 재빨리 볶다가 남은 분량의 포도씨유를 부어 달군 후 체에 밭쳐 기름만 받는다.

3 ②를 거름종이에 한 번 더 걸러 식혀서 사용한다.

아이 된장

저염 된장·대두 1/2컵씩

1 대두는 물을 부어 반나절 동안 불린 후 건져 냄비에 담고 대두가 푹 잠길 만큼 물을 부어 삶는다.

2 대두가 바닥에 눌어붙지 않도록 저어가며 갈색이 될 때까지 삶은 후 한김 식혀 절구에 쏟아 으깬다.

3 저염 된장에 ②를 섞어 1주일간 숙성한 후 사용한다.

아이 고추장

고추장 1컵
올리고당 1/3컵
찹쌀가루 1큰술 **물** 1/2컵

1 냄비에 찹쌀가루를 담고 물을 부어 덩어리지지 않게 잘 푼 뒤 약한 불에 올려 저어가며 풀을 쑤어 식힌다.

2 볼에 고추장을 담고 올리고당과 ①을 넣어 섞는다.

3 반나절 정도 실온에 두었다가 하룻밤 냉장 보관한 후 사용한다.

아이 미소된장

미소된장 1큰술
다진 마늘 1/3큰술 **다진 깨** 1/3큰술
참기름 1큰술

1 재료를 분량에 맞춰 준비한다.

2 볼에 모든 재료를 넣고 잘 섞는다.

아이 조림간장

간장·물 1컵씩
양파·사과 1/2개씩

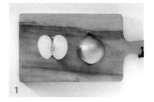

1 양파와 사과는 깨끗이 손질해 적당한 크기로 썬다.

2 냄비에 모든 재료를 넣고 센 불에 올려 끓어오르면 약한 불로 줄여 양이 반으로 줄 때까지 끓인다.

3 ②를 체에 밭쳐 국물만 받아 사용한다.

PART 01

SECTION
❶ 유아식 원칙 10
❷ 필수 식재료 + 피해야 할 식재료
❸ 치아 개수와 시기별 식재료 크기
❹ 엄마표 천연 맛 베이스
❺ 계량법
❻ 꼭 필요한 영양소

이 책에서 활용한 쉬운 계량법

요리책을 펼치면 재료 준비에서부터 턱! 막힌다고요? 몇 g, 몇 큰술, 한 줌 등 레시피 속 계량법은 계량컵,
계량스푼, 주방저울 없이는 양을 정확히 계량하기 힘들기 때문이죠. 식재료를 편하고 쉽게 계량할 수 있도록 쉬운 계량법을
적용했습니다. 자, 이제 아래 계량법을 숙지하고 유아식에 도전해보세요.

1큰술 = 밥숟가락 1순갈

1큰술은 계량스푼 대신 밥숟가락으로 계량했다. 소금과 설탕 등 가루 종류는 수북이 쌓아서, 간장 · 올리고당 등
액체류는 평평하게, 된장 · 고추장 등 끈적한 장류나 다진 마늘 · 다진 파는 살짝 볼록하게 계량하면 된다. 1/2큰
술, 1/3큰술, 1/4큰술, 2/3큰술 모두 마찬가지. 사진을 참조해 계량할 것.

1큰술

1/2큰술

1/3큰술

한 줌 = 엄지와 검지로 잡았을 때 손가락 끝이 맞닿는 정도

시금치, 취나물 등 나물류는 한 줌으로 표기했다. 한 줌은 엄지와 검지로 재료를 잡았을 때 손가락의 끝과 끝이 맞닿으면 된다. 반 줌은 검지손가락이 엄지손가락 마디에 닿으면 된다.

소면 20g = 평편하게 폈을 때 폭이 7cm 정도

국수 요리에 사용한 소면의 용량은 모두 20g이다. 20g은 엄지와 검지로 잡았을 때 나무젓가락 굵기보다 약간 더 굵고, 소면을 바닥에 평편하게 폈을 때 폭이 7cm 정도 되는 양이다.

7cm

1작은술 = 찻숟가락 1숟갈

1작은술은 계량스푼 대신 찻숟가락으로 계량했다. 1큰술과 마찬가지로 소금과 설탕 등 가루 종류는 수북이 쌓아서, 간장·올리고당 등의 액체류는 평평하게, 된장·고추장 등 끈적한 장류나 다진 마늘·다진 파는 살짝 볼록하게 계량하면 된다. 1/2작은술, 1/3작은술, 1/4작은술, 2/3작은술 모두 마찬가지. 사진을 참조해 계량할 것.

180ml

1컵 = 종이컵 1컵

이 책에서 명시한 1컵은 종이컵을 기준으로 계량한다. 물, 간장 등 액체류는 ml 대신 컵으로, 고기나 생선 등도 g 대신 컵으로 명시했다. 종이컵의 용량은 180ml, 계량컵의 용량은 200ml다. 계량컵으로 조리할 경우에는 1컵을 4/5컵으로 계량하면 된다.

PART 01

SECTION
❶ 유아식 원칙 10   ❹ 엄마표 천연 맛 베이스
❷ 필수 식재료 + 피해야 할 식재료   ❺ 계량법
❸ 치아 개수와 시기별 식재료 크기   ❻ 꼭 필요한 영양소

성장기 아이에게 꼭 필요한 영양소

책에서 소개하는 메뉴마다 각각의 재료에 포함된 영양소를 보기 쉽게 표기했습니다.
영양소들이 아이의 몸속에서 어떤 역할을 하는지 정리했으니, 아이에게 한 그릇 유아식을
만들어주기 전에 읽고 참고하세요.

단백질	탄수화물과 지방이 부족할 때 에너지원이 되며, 신체 전체의 성장을 돕는다. 고급 에너지원으로 육류, 생선, 콩 등에 다량 함유돼 있다.
탄수화물	섭취 에너지의 55~70%를 차지하며 우리 몸에 꼭 필요한 영양 성분이다. 전분, 곡류에 많이 포함되어 있는 주요 에너지원으로 특유의 단맛이 음식의 맛을 좋게 해준다.
지방	실온에서 액체 상태인 기름이 체내에서 고체 상태로 있는 것으로 탄수화물과 단백질보다 2배의 에너지원이 되며, 신체를 보호하는 역할을 한다.
인	칼슘과 합쳐져 인산칼슘의 형태로 뼈 성장의 중요한 영양 성분이 된다. 칼슘과 인의 비율은 1:1로 먹는 것이 좋으나 곡류에 인이 많이 함유돼 있으므로 인의 섭취 비율이 칼슘에 비해 너무 높지 않도록 주의한다.
식이섬유	장내 소화효소에 의해 쉽게 분해되지 않는 다당류. 포만감을 주고, 장운동을 도와 소화를 돕는다.
리보플라빈(B₂)	육류, 생선, 우유 등에 많이 함유돼 있다. 부족하면 입술이 헐고 찢어지는 구순구각염이 생길 수 있다.
나이아신	쇠고기, 돼지고기, 닭고기, 달걀, 우유에 들어 있는 나이아신은 에너지 대사와 피부의 수분을 유지하는 데 도움을 준다. 부족하면 우울증, 피부 염증 등이 생길 수 있다.
칼륨	우유와 과일 등에 많이 함유돼 있으며 나트륨을 몸 밖으로 배출하는 역할을 한다. 나트륨 섭취가 많을 때 칼륨이 많이 든 음식을 꼭 섭취하는 것이 좋다.
칼슘	골격과 치아의 구성 성분으로 혈액과 몸속 액체(조직액, 림프액)에도 분포되어 신체 기능을 유지하는 중요한 성분이다. 성장기 아이에게 꼭 필요한 무기질.

아연	굴에 많이 함유되어 있으며 콩, 견과류, 유제품 등에도 다량 함유돼 있다. 면역기능 향상에도 도움을 준다.
철분	몸속에 필요한 산소를 운반해주는 역할을 하며 달걀노른자, 채소, 콩 등에 함유돼 있다. 부족하면 빈혈이 생길 수 있다. 특히 철분 필요량이 증가하는 성장기 아이는 철분이 든 음식을 자주 섭취하는 것이 좋다.
나트륨	우리 몸에 꼭 필요한 성분이지만 필요량 이상 먹는 것은 오히려 해가 된다. 가공식품이 증가하면서 나트륨 섭취량이 증가하고 있으므로 유의하고, 어릴 때부터 싱겁게 먹는 습관을 길러준다.
아미노산	단백질을 이루는 성분으로 몸을 구성하는 단백질의 기초다.
불포화지방산	오메가-3지방이 포함된 불포화지방산은 특히 등 푸른 생선에 다량 함유돼 있다. 콜레스테롤을 낮추고 혈액순환을 돕는다.
베타카로틴	당근에 풍부하게 함유되어 있는 베타카로틴은 눈에 좋은 비타민 A가 되기 전 상태를 말한다. 섭취 후 소화 과정을 통해 비타민 A가 된다. 볶거나 튀기는 등 기름에 조리하면 더 잘 흡수된다.
비타민 B₁(티아민)	돼지고기 등에 많이 함유되어 있으며 탄수화물과 에너지 소화에 영향을 미치므로 부족하지 않도록 한다. 두류, 견과류 등에도 함유되어 있다.
비타민 B₄	단백질 기능을 돕는 영양소로 단백질 섭취량에 따라 필요량이 달라진다. 어류, 육류, 달걀 등에 많이 포함되어 있다.
비타민 A	부족하면 성장 지연, 눈 질환의 원인이 될 수 있으므로 비타민 A를 다량 함유한 버터, 달걀노른자, 연어, 당근, 귤 등을 통해 섭취한다.
비타민 E	토코페롤로 알려진 비타민 E는 항산화 작용과 면역력을 키워주는 영양소로 몸속의 좋지 못한 산소와 쉽게 결합해 불필요한 산소를 제거한다. 곡류의 배아, 콩류 등에 다량 함유되어 있다.
비타민 D	햇빛을 쬐는 것으로도 공급받을 수 있으며 칼슘의 재흡수를 도와 성장을 도우므로 부족해지지 않도록 효모, 버섯 등을 섭취한다. 하루 30분 이상 햇볕을 쬐는 것이 좋다.

3~5세 유아 1일 영양 섭취 권장량

에너지(kcal)	1,400	비타민 K(㎍/일)	30
탄수화물(g/일)	90	비타민 C(mg/일)	40
단백질(g/일)	20	티아민(mg/일)	0.5
지방(g/일)	25	리보플래빈(mg/일)	0.7
– n–6계 지방산(g/일)	4.5	비타민 B₆(mg/일)	0.7
– n–3계 지방산(g/일)	0.8	엽산(㎍DFE/일)	7
식이섬유(g/일)	15	칼슘(mg/일)	0.7
수분(㎖/일)	1,400	인(mg/일)	180
비타민 A(㎍RE/일)	300	나트륨(g/일)	600
비타민 D(㎍/일)	5	칼륨(g/일)	500
비타민 E(mg α–TE/일)	6	아연(mg/일)	4
		철분(mg/일)	7

생후 15~18개월, 유아식 초기

이 시기 아이들은 대부분 걷기 시작하고, 빠른 아이는 생후 18개월이면 뛰어다니기도 합니다. 에너지 소모량과 근육 사용량이 늘기 때문에 탄수화물과 단백질을 충분히 섭취해야 합니다. 어금니가 나기 시작하면서 단단한 음식을 먹을 수 있기 때문에 치아와 골격 발달에 필요한 칼슘 섭취도 중요합니다. 이유식과 달리 대부분의 음식을 먹을 수 있으므로 조금씩 단단한 재료를 넣어 요리하고, 다양한 음식을 경험할 수 있게끔 메뉴를 구성해보세요. 하지만 아직 치아가 완전히 발달하지 못한 데다 처음 보는 음식은 거부할 수 있으므로 억지로 먹이기보다는 아이가 영양분을 고루 섭취할 수 있도록 다양한 조리법을 활용하는 것이 좋습니다.

아이 스스로 음식을 먹게 도와주세요

이 시기 아이는 소근육이 발달해 혼자서 숟가락과 포크를 능숙하게 사용할 수 있습니다. 물론 아직은 밥을 여기저기 묻히고 흘리지만 아이 스스로 먹게 하는 것이 신체 발달과 정서 발달에 좋습니다. 엄마 눈에는 별것 아닌 일처럼 보이지만 아이는 혼자 밥을 먹으면서 성취감과 자신감을 느끼니까요. 바닥에 떨어뜨려도 깨지지 않는 재질, 아이가 쥐기 편한 크기로 아이 전용 숟가락과 포크, 컵을 마련해주세요.

소금 대신 간장으로 간하세요

유아식 초기부터는 조금씩 간을 합니다. 하지만 아직 나트륨의 섭취를 최대한 줄여야 하므로 소금보다 간장을 사용하는 것이 좋습니다. 100g 기준 소금은 나트륨 함량이 33,597mg, 간장은 6,570mg으로 간장의 나트륨 함량이 소금의 5분의 1 정도입니다.

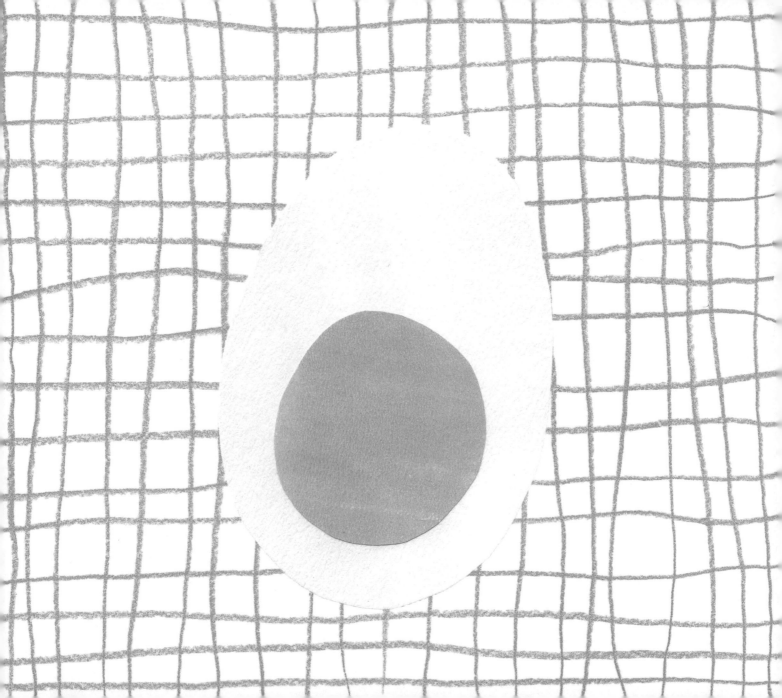

아욱된장국 + 연두부달걀찜

유아식 초기

단백질과 칼슘이 듬뿍! 이 시기 필수 밥상

새우는 칼슘과 단백질은 풍부한 반면 비타민 A와 C는 부족하기 때문에 비타민이 듬뿍 들어 있는
아욱과 함께 요리하면 부족한 영양소를 채워 영양 만점 밥상을 차릴 수 있답니다.
아욱·새우와 잘 어울리는 된장을 풀어 넣어 된장국을 끓이고, 아직 소화기가 약한 아이를 위해
부드러운 연두부로 담백한 달걀찜을 만들어 곁들여주세요.

**유아식
초기**

단백질과
칼슘이 듬뿍!
이 시기
필수 밥상

아욱된장국

아욱 4줄기 **새우**(중간 크기) 2마리 **된장** 1/2작은술 **다진 마늘** 1/3큰술
[멸치 국물] 물 2컵 **국물용 멸치** 2마리 **무**(20cm 길이) 1/9개 **양파** 1/6개

1 국물용 멸치는 내장을 제거하고 마른 프라이팬에 살짝 볶아 냄비에 담는다. 나머지 멸치 국물 재료를 넣고 20분간 끓여 체에 밭친다.

2 새우는 머리, 껍데기를 제거하고 등 쪽의 내장을 이쑤시개로 뺀 후 잘게 다지고, 아욱은 손질해 3cm 길이로 썬다.

3 냄비에 ①을 붓고 된장을 넣어 덩어리지지 않게 곱게 푼 후 끓인다.

4 ③이 보글보글 끓어오르면 ②와 다진 마늘을 넣고 중간 불에서 10분간 더 끓인다.

아욱은 잎이 작은 것을 골라야 연해서 아이가 먹기 좋다. 잎이 큰 것은 줄기가 억세기 때문에 줄기 부분의 얇은 막을 벗긴 후 사용한다.

연두부달걀찜

연두부 1/4모 **달걀** 1개 **부추** 2줄기 **양파** 1/6개 **맛술** 1/2작은술 **소금** 1/2작은술 **물** 1/2컵

1 부추는 송송 썰고, 양파는 곱게 다진다. 달걀은 볼에 깨 넣고 알끈을 제거한 후 푼다.

2 달걀물에 ①의 부추와 양파, 맛술, 소금, 물, 연두부를 넣고 고루 섞는다.

3 내열 냄비에 ②를 붓고 뚜껑을 덮어 김이 오른 찜기에 20분간 찐다.

연두부는 수분이 많아 쉽게 으깨지기 때문에 숟가락이나 거품기로 대충 저어 만들어도 부드럽다. 일반 두부를 쓴다면 믹서에 두부와 소량의 물을 넣고 곱게 갈아 넣어야 부드러운 달걀찜을 만들 수 있다.

참깨콩비짓국 + 표고버섯잡채

유아식 초기

단백질과 칼슘이 듬뿍! 이 시기 필수 밥상

한식 메뉴에서 빠질 수 없는 식재료인 고소한 참깨는 아이 성장에 꼭 필요한 칼슘이 풍부합니다.
소화가 잘되도록 참깨를 곱게 으깨어 담백한 콩비짓국을 만들어주세요.
면역력을 높이는 데 좋은 표고버섯으로
감칠맛 나는 잡채를 만들어 곁들이면 금상첨화랍니다.

**유아식
초기**

단백질과
칼슘이 듬뿍!
이 시기
필수 밥상

참깨콩비짓국

콩비지 3큰술 참깨 1/2큰술 다진 마늘 1/2작은술 다진 쇠고기 2큰술 참기름 1/2작은술 소금 1/3작은술 물 2컵

1 참깨는 절구에 곱게 으깬다.

2 냄비에 참기름을 두르고 다진 쇠고기, 다진 마늘을 넣어 볶다가 쇠고기가 반쯤 익으면 물을 부어 끓인다.

3 ②가 보글보글 끓어오르면 ①과 콩비지, 소금을 넣고 한소끔 더 끓인다.

시중에 판매하는 콩비지를 사용해도 좋지만 안심하고 먹을 수 있는 엄마표 콩비지를 만들어 사용해보자. 그릇에 흰콩(백태)을 담고 콩이 충분히 잠길 정도로 물을 부어 하루 정도 냉장고에서 불린다. 불린 흰콩은 겉껍질을 벗긴 후 믹서에 담고 콩 불린 물을 넣어 곱게 간다. 물은 한꺼번에 넣지 말고 조금씩 넣어가며 걸쭉하게 농도를 조절한다.

표고버섯잡채

불린 당면 1/2줌 마른 표고버섯 1개 부추 2줄기 [표고버섯 양념] 간장 1작은술 다진 마늘 1/4작은술 참기름 약간 [잡채 양념] 간장 1/3큰술 참기름 1/3큰술 매실청 1/2큰술

1 표고버섯은 미지근한 물에 1시간 정도 담가 부드럽게 불려 가늘게 채 썬다. 채 썬 표고버섯에 분량의 양념을 넣고 조물조물 무쳐 10분간 재운 후 프라이팬에 볶는다.

2 당면은 끓는 물에 삶아 3cm 길이로 썰고, 부추도 3cm 길이로 썬다.

3 볼에 ①과 ②를 넣고 잡채 양념을 넣어 고루 버무린다.

당면은 삶아 따뜻할 때 재빨리 양념에 버무려야 당면이 붇지 않고 양념이 잘 배어 맛있는 잡채를 완성할 수 있다.

바지락미역국 + 시금치게살볶음

유아식 초기

단백질과 칼슘이 듬뿍! 이 시기 필수 밥상

이 시기 아이에게 철분이 부족하면 빈혈이 생기기 쉽고, 집중력과 식욕이 떨어질 수 있습니다.
면역력도 약해져 잔병치레도 잦아지죠. 철분 섭취가 중요한 이 시기 아이에게
바지락·미역·시금치 등 철분이
풍부한 재료로 '철분 듬뿍 유아식'을 만들어주세요.

바지락미역국

바지락 1/2컵 **불린 미역** 1/4컵 **다진 마늘** 1/2작은술 **소금** 1/3작은술 **물** 3컵

1 불린 미역은 잘게 썬다.

2 바지락은 소금물에 담가 어두운 곳에서 해감한 후 씻어 건져 냄비에 담고 분량의 물을 부어 끓인다. 바지락이 입을 벌리면 건져 살만 발라내 접시에 담고 껍데기는 다시 넣는다.

3 ②의 국물에 미역, 다진 마늘, 소금을 넣고 중약불에서 10분간 끓이다 바지락살을 넣어 한소끔 더 끓인다.

바지락은 오래 익히면 질겨져 아이가 씹다가 뱉어낼 수 있다. 바지락이 입을 벌리면 적당히 익은 것이므로 이때 건져 살을 발라뒀다 다시 끓이는 것이 포인트.

시금치게살볶음

시금치 1/2줌 **게살** 2조각 **양파** 1/6개 **맛술** 1/2큰술 **포도씨유** 1/2큰술 **소금** 약간

1 시금치는 다듬고 씻어 뿌리를 잘라내고 4cm 길이로 썬다.

2 양파는 3cm 길이로 가늘게 채 썰고, 게살은 가늘게 찢는다.

3 프라이팬을 달궈 포도씨유를 두르고 시금치와 양파를 넣어 중간 불에서 볶다가 채소의 숨이 죽으면 맛술과 ②의 게살을 넣고 센 불에서 살짝 볶아 소금으로 간한다.

쇠고기뭇국 + 대구구이간장조림

유아식 초기
단백질과 칼슘이 듬뿍! 이 시기 필수 밥상

쇠고기로 맑은 뭇국을 끓이고, 비리지 않고 식감이 부드러워 아이들이 좋아하는 대구로 달콤한
간장조림을 만들어보세요. 대구는 고단백 식품이면서 비타민 A·B₁·B₂·C·E도 풍부해
일품요리로도 훌륭하지만 필수아미노산이 풍부한
쇠고기뭇국과 함께 식단을 구성하면 균형 잡힌 한 끼 식사로 더할 나위 없답니다.

유아식
초기

단백질과
칼슘이 듬뿍!
이 시기
필수 밥상

쇠고기뭇국

쇠고기(우둔살) 1/4컵 **무**(20cm 길이) 1/8개 **간장** 1/2큰술 **실파** 2뿌리 **참기름** 1/2작은술 **다진 마늘** 1/2작은술 **소금** 1/2작은술 **후춧가루** 약간 **물** 2컵

무는 찬물에 바로 넣어
끓이기 시작해야 시원한
맛이 우러난다.

1 쇠고기는 미지근한 물에 담가 핏물을 빼고 2cm 길이로 가늘게 채 썬다.

2 무는 사방 1cm 크기로 나박나박 썰고, 실파는 송송 썬다. 냄비에 참기름을 두르고 ①을 넣어 볶다가 분량의 물과 ②의 무를 넣고 끓인다.

3 국물이 끓으면 다진 마늘, 간장을 넣고 무가 투명해질 때까지 중간 불에서 끓이다 ②의 실파를 넣고 소금과 후춧가루로 간한다.

대구구이간장조림

대구살(6cm 기준) 3조각 **브로콜리** 1/4송이 **밀가루** 적당량 **포도씨유** 적당량 **소금** 약간 **후춧가루** 약간 **[조림 양념] 간장** 1/2큰술 **맛술** 1/2큰술 **물엿** 1큰술

구운 대구살을 너무
오래 조리면 살이 쉽게
부서지므로 센 불에서
재빨리 소스에 버무리듯이
조린다.

1 대구살은 사방 1cm 크기로 깍둑 썰어 소금과 후춧가루를 뿌린다.

2 브로콜리는 한입 크기로 썰어 끓는 물에 살짝 데쳐 찬물에 헹군다.

3 ①의 대구살에 밀가루를 묻히고, 프라이팬을 달궈 포도씨유를 두른 후 노릇하게 굽는다.

4 냄비에 조림 양념을 넣어 보글보글 끓어오르면 ②와 ③을 넣고 센 불에서 재빨리 조린다.

명란맑은국 + 두부새우동그랑땡

유아식 초기
단백질과 칼슘이 듬뿍! 이 시기 필수 밥상

두부는 몸에 좋은 식물성 단백질이 풍부해 성장기 아이에게 꼭 필요한 식재료입니다.
아이가 두부를 먹지 않는다면 두부를 곱게 으깨고 달걀·새우와 섞어 동그랑땡을 만들어주세요.
아이가 두부인 줄 모르고 맛있게 먹을 거예요. 여기에 필수아미노산이 풍부한
명란을 더해주면 단백질 섭취가 중요한 이 시기 아이에게 훌륭한 밥상이 된답니다.

유아식
초기

단백질과
칼슘이 듬뿍!
이 시기
필수 밥상

명란맑은국

명란 2개 **다진 마늘** 1/2작은술 **소금** 1/2작은술 **다진 파** 1작은술 **다시마**(사방 4cm 크기) 1장 **물** 2컵

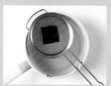  

1 다시마는 흐르는 물에 살짝 씻어 냄비에 담고 분량의 물을 부어 끓인다.

2 ①이 보글보글 끓어오르면 다시마를 건져내고 명란을 먹기 좋게 잘라 넣는다.

3 다진 마늘, 다진 파를 넣어 재료가 모두 익을 때까지 중약불에서 끓인다.

명란은 저염이라도 아이가 먹기엔 짜다. 물에 담가 소금기를 뺀 후 사용하고, 없을 경우 동태알로 대체해도 좋다.

두부새우동그랑땡

두부 1/4모 **달걀** 1개 **알새우** 3알 **양파** 1/6개 **실파** 2뿌리 **쌀가루** 1큰술 **포도씨유** 1큰술 **다진 마늘** 1/2작은술 **소금** 약간 **후춧가루** 약간

1 두부는 칼등으로 곱게 으깨 면보에 담아 물기를 꼭 짜고, 알새우, 양파, 실파는 곱게 다진다.

2 달걀은 그릇에 깨 넣고 알끈을 제거한 뒤 잘 풀어 달걀물을 만든다.

3 볼에 ①과 달걀물 1큰술, 다진 마늘, 쌀가루, 소금, 후춧가루를 넣고 여러 번 치대어 찰기가 생기면 동그랗게 모양을 빚어 쌀가루를 묻히고 달걀물을 씌운다.

4 프라이팬을 달궈 포도씨유를 두르고 ③을 넣어 노릇하게 굽는다.

두부는 수분을 제대로 제거하지 않으면 반죽이 질어진다. 면보에 담아 꼭 짜서 수분을 최대한 빼고 사용한다.

닭안심감잣국 + 동태살완자조림

유아식 초기

단백질과 칼슘이 듬뿍! 이 시기 필수 밥상

생선은 단백질과 무기질이 풍부해 아이 밥반찬으로 그만이지만 유독 생선 먹기를 거부하는
아이들이 있습니다. 생선의 형태가 보이지 않도록 조리해보세요.
부드러운 동태살을 다져 동그랗게 완자를 만들어주면 잘 먹는답니다. 고단백 식품인 닭안심과
탄수화물·비타민이 풍부한 감자를 넣어 국을 끓이면 담백하고 맛도 영양도 잘 어울려요.

닭안심감잣국

닭안심 1/2조각 **감자** 1/4개 **대파**(5cm 길이) 1대 **다진 마늘** 1/2작은술 **소금** 1/2 작은술 **물** 2컵

닭안심은 닭가슴살보다
단백질 함량이 조금 낮지만
식감이 부드러워 아이가
먹기에 좋다.
닭가슴살로 만들 때는
핏기가 가실 정도로만
가볍게 익혀야 퍽퍽하지
않다.

1 닭안심은 깨끗이 씻어 냄비에 담고 분량의 물을 부어 거품을 걷어내며 끓인다.

2 감자는 사방 1cm 크기로 나박나박 썰고, 대파는 잘게 다진다.

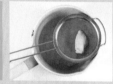

3 ①의 닭안심이 익으면 건져내고, ②와 다진 마늘을 넣어 감자가 부드럽게 익을 때까지 끓인다.

4 ③의 재료가 모두 익으면 소금으로 간하고, 닭안심을 잘게 찢어 넣는다.

동태살완자조림

동태포(6cm 기준) 4조각 **청피망** 1/6개 **양파** 1/8개 **대파** 1대 **달걀노른자** 1개 **쌀가루** 1/2컵 **소금** 1/2작은술 **후춧가루** 약간 [조림 양념] **간장** 1/2큰술 **맛술** 1/2큰술 **올리고당** 1/2큰술 **참기름** 1작은술 **포도씨유** 1큰술

1 동태포는 흐르는 물에 씻어 물기를 제거하고 잘게 다진다.

2 청피망, 양파, 대파는 잘게 다진다.

3 볼에 ①과 ②, 달걀노른자, 쌀가루 3큰술, 소금, 후춧가루를 넣고 찰기가 생길 때까지 치댄다. 반죽을 조금씩 떼어내 지름 2cm 크기로 동그랗게 빚어 쌀가루에 굴린다.

4 프라이팬을 달궈 포도씨유를 두르고 완자를 노릇하게 구운 후 조림 양념 재료를 섞어 넣어 윤기 나게 조린다.

대구살호박국 + 우유달걀말이

유아식 초기
단백질과 칼슘이 듬뿍! 이 시기 필수 밥상

아이가 생우유를 잘 안 먹는다면 요리에 넣어 다양하게 활용해보세요.
아이가 좋아하는 달걀말이에 우유를 조금 넣으면 영양을
보충하면서도 더욱 부드럽고 고소한 달걀말이를 만들 수 있답니다. 여기에 우유와 같은
동물성 단백질 식품인 대구살을 넣고 국을 끓여 부족한 영양분을 채워주세요.

유아식
초기

단백질과
칼슘이 듬뿍!
이 시기
필수 밥상

대구살호박국

대구살(6cm 기준) 4조각 **애호박**(15cm 길이) 1/6개 **다진 마늘** 1/2작은술 **소금** 1/2작은술 **맛술** 1/2큰술 **다시마**(사방 4cm 크기) 1장 **후춧가루** 약간 **물** 2컵

1 대구살은 3×2cm 크기로 썰어 맛술에 재우고 애호박은 십자로 썰어 나박나박 썬다.

2 냄비에 다시마를 넣고 분량의 물을 부어 보글보글 끓으면 다시마를 건져낸다.

3 ②에 대구살, 애호박, 다진 마늘을 넣어 끓인다. 재료가 모두 익으면 소금, 후춧가루로 간한다.

대구살은 부드럽기 때문에 센 불에 오래 끓이면 거품에 살이 쉽게 부서진다. 중간 불에서 대구살이 단단하고 뽀얗게 익을 때까지 끓인다.

우유달걀말이

달걀 1개 **우유** 1큰술 **맛술** 1/2큰술 **소금** 1작은술 **포도씨유** 1/2큰술

1 볼에 달걀을 깨 넣고 알끈을 제거한 뒤 우유, 맛술, 소금을 넣고 잘 섞는다.

2 프라이팬을 달궈 포도씨유를 두르고 키친타월로 한번 닦아낸 다음 ①을 부어 약한 불에서 익히면서 돌돌 말아 달걀말이를 만든다.

우유를 너무 많이 넣으면 달걀물이 응고되지 않아 잘 말리지 않는다. 우유는 분량대로 달걀 1개에 1큰술만 넣는다.

북어부춧국 + 다진고기장조림

이 시기 아이들이 고기를 거부하는 이유는 대부분 '오래 씹는 것이 불편해서'입니다. 아직 치아가 약하고 씹는 훈련이 덜 된 아이에겐 아무리 연한 고기라도 질기게 느껴질 수 있습니다. 먹기 편하게끔 고기를 잘게 다져 장조림을 만들어주세요. 여기에 장조림의 염분을 확 잡아줄 칼륨이 듬뿍 든 부추와 단백질이 풍부한 북어로 구수한 국을 끓여 곁들여보세요.

유아식
초기

단백질과
칼슘이 듬뿍!
이 시기
필수 밥상

북어부춧국　　　북어채 1/4컵 **무**(20cm 길이) 1/8개 **다진 부추** 1큰술 **다진 마늘** 1/2작은술 **물** 2컵
[북어 양념] 간장 1/2작은술 **참기름** 1/2작은술

1 무는 사방 1cm 크기로 나박나박 썬다.

2 북어는 흐르는 물에 씻어 물기를 꼭 짠 뒤 잘게 찢어 북어 양념을 넣고 조물조물 무친다.

3 냄비에 ②를 넣어 볶다가 무, 다진 마늘, 물을 넣고 끓어오르면 불을 줄여 중약불에서 15분간 더 끓인다. 다진 부추를 넣고 센 불에서 한소끔 더 끓인다.

다진고기장조림　　　다진 **쇠고기** 1/3컵 **양파** 1/6개 **표고버섯** 1/2개 **당근**(15cm 길이) 1/8개 **참기름** 1/2작은술 [장조림 양념] 간장 1큰술 **다진 마늘** 1작은술 **물엿** 1/2큰술 **맛술** 1/2큰술 **물** 2큰술

1 다진 쇠고기는 키친타월로 감싸 핏물을 제거한다.

2 양파, 표고버섯, 당근은 사방 0.5cm 크기로 썬다.

3 냄비에 참기름을 두르고 ①과 ②를 넣어 볶다가 양념을 섞어 넣고 조린다.

다진고기장조림을 밥에 넣고 비벼서 주먹밥을 만들어줘도 좋다.

두부닭고기덮밥

유아식 초기
필요한 영양소가 골고루! 한 그릇 밥상

성장기 아이에게 가장 중요한 영양소는 단백질입니다.
근육과 세포를 만드는 필수 영양소인 데다 면역력을 키우는 데도 큰 역할을 하기 때문이죠.
단백질이 풍부하고 소화가 잘되는
닭고기와 두부를 주재료로 영양 덮밥을 만들어주세요.

재료 **닭가슴살** 1/2쪽 **두부** 1/2모 **소금** 약간
　　[양념장] 간장 1큰술 참깨 1/4작은술

두부
단백질, 칼슘, 철분

닭가슴살
단백질, 지방,
리보플래빈

유아식
초기

필요한
영양소가
골고루!
한 그릇 밥상

1 닭가슴살은 끓는 물에
삶은 후 식혀 손으로 가늘
게 찢는다.

2 두부는 1×1cm 크기로
깍둑 썰어 키친타월에 올
려 수분을 거두고 소금을
뿌려 간한다.

3 팬을 달궈 기름을 두르
고 ②의 두부를 넣어 노릇
하게 지진다.

4 참깨를 갈아 간장과 섞
어 양념장을 만든다.

5 그릇에 밥을 담고 ①,
③을 순서대로 올린 후 양
념장을 살짝 뿌린다.

콩비지덮밥

유아식 초기
필요한 영양소가 골고루! 한 그릇 밥상

아이가 콩이나 두부처럼 덩어리진 콩 제품을 먹지 않으려고 한다면
부드럽고 담백한 콩비지로 덮밥을 만들어주세요.
비타민 C가 가득 든 브로콜리와
팽이버섯을 곁들이면 금상첨화 영양 밥상이 완성됩니다.

재료 **콩비지** 1/2컵 **브로콜리** 1/8송이 **팽이버섯** 1/6송이 **물** 1/2컵 **참기름** 약간
[양념장] **간장** 1큰술 **올리고당** 1/2큰술 **레몬즙** 1/4작은술 **깨소금** 약간

1 브로콜리는 잘게 다지고, 팽이버섯은 1cm 크기로 썬다.

2 냄비에 참기름을 두르고 ①의 브로콜리를 볶다가 팽이버섯을 넣고 볶는다.

3 ②가 익으면 물과 콩비지를 넣고 되직하게 조린다.

콩비지
식이섬유, 철, 칼슘

브로콜리
비타민 A·C, 인

팽이버섯
인, 철분, 비타민 C

**유아식
초기**

필요한
영양소가
골고루!
한 그릇 밥상

4 볼에 분량의 재료를 모두 섞어 양념장을 만든다.

5 그릇에 밥을 담고 ③을 얹은 후 양념장을 살짝 뿌린다.

오징어동그랑땡덮밥

유아식 초기

필요한 영양소가 골고루! 한 그릇 밥상

오징어는 단백질과 칼륨은 풍부하지만 섬유질이나 비타민은 부족하기
때문에 채소와 곁들여 먹는 것이 좋습니다.
쫄깃한 오징어와 부드러운 두부, 갖가지 채소를 잘게 다져 아이가 먹기 편한 동그랑땡을
만들어 밥과 곁들여주세요.

재료 **오징어 몸통** 1/2마리 **두부** 1/6모 **양배춧잎** 1장 **당근·청피망** 1/4개씩 **실파** 3뿌리
달걀 2개 **빵가루·쌀가루** 1큰술씩 **포도씨유** 약간

두부	당근
단백질, 칼슘, 철분	비타민 A, 철분, 칼슘
오징어	양배추
단백질, 인, 칼륨	칼슘, 칼륨, 비타민 C
실파	청피망
칼륨, 칼슘, 비타민 A	비타민 A·C, 식이섬유
	달걀
	단백질, 비타민 D, 리보플래빈

**유아식
초기**

필요한
영양소가
골고루!
한 그릇 밥상

1 오징어는 껍질을 벗기고 사방 0.5cm 크기로 썬다.

2 두부는 칼등으로 으깬 후 면보에 싸서 물기를 꼭 짠다.

3 양배추, 당근, 청피망은 오징어와 같은 크기로 다지고 실파는 송송 썬다.

4 볼에 ①, ②, ③을 담고 빵가루와 쌀가루, 달걀1개를 깨 넣어 고루 버무린다.

5 볼에 나머지 달걀을 풀고 ④를 동그랗게 빚어 달걀물을 입힌 뒤 프라이팬을 달궈 기름을 두르고 노릇하게 지진다.

6 그릇에 밥을 담고 ⑤를 사방 1.5cm 크기로 깍둑 썰어 얹는다.

느타리버섯쇠고기덮밥

유아식 초기

필요한 영양소가 골고루! 한 그릇 밥상

버섯은 항산화 작용이 뛰어난 베타카로틴 성분이 풍부해 아이 면역력을 키우고
뼈를 튼튼하게 하는 비타민 D도 듬뿍 들어 있습니다.
버섯을 익히면 맛과 질감이 쇠고기와 비슷해 쇠고기와 함께 조리하면
아이가 골라내지 않고 맛있게 먹을 수 있습니다.

재료 **다진 쇠고기** 50g(약 1/4컵) **느타리버섯** 1줌 **홍피망** 1/6개 **브로콜리** 1/8송이 **양파** 1/4개
[양념] 간장·다진 파 1/2큰술씩 **굴소스** 1/2작은술 **다진 마늘** 1/3큰술 **맛술** 2큰술 **물** 1/2컵

느타리버섯
식이섬유, 티아민,
칼륨

양파
탄수화물, 비타민 C,
칼륨

브로콜리
비타민 A·C, 인

홍피망
칼륨, 비타민 A·C

다진 쇠고기
단백질, 지방,
리보플래빈

유아식
초기

필요한
영양소가
골고루!
한 그릇 밥상

1 느타리버섯은 흰 대 부분만 2cm 길이로 썬다.

2 피망, 브로콜리, 양파는 사방 2cm 크기로 썬다.

3 냄비에 분량의 양념 재료를 모두 넣고 끓인다.

4 ③에 다진 쇠고기와 채소를 모두 넣고 끓여 재료가 익으면 불을 끈다.

5 그릇에 밥을 담고 ④를 얹는다.

닭가슴살칼국수

유아식 초기
필요한 영양소가 골고루! 한 그릇 밥상

기름기가 적은 닭가슴살을 넣어 담백하게 끓인 칼국수는 아이뿐 아니라 엄마 아빠도
맛있게 먹을 수 있는 영양식입니다.
어른 입맛에는 싱거울 수 있으므로 어른이 먹는다면 양념장을 곁들이세요.

재료 **닭가슴살·양파** 1/2개씩 **대파** 1/2대 **칼국수** 1줌 **부추** 3뿌리 **국간장** 1/2큰술 **소금** 1/4작은술
참기름 1/2작은술 **물** 5컵

닭가슴살	칼국수
단백질, 지방, 리보 플래빈	탄수화물, 철분, 단백질
대파	양파
비타민 A, 칼륨, 칼슘	탄수화물, 비타민 C

1 냄비에 물을 붓고 닭가슴살, 양파, 대파를 삶아 닭가슴살은 건져 식히고 국물은 따로 밭는다.

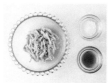

2 ①의 닭가슴살을 잘게 찢어 볼에 담고 참기름, 소금을 넣어 조물조물 무친다.

3 부추는 송송 썬다.

4 냄비에 ①의 국물을 붓고 끓으면 칼국수 면을 넣고 끓여 그릇에 담고 ②와 ③을 얹는다.

감자찹쌀수제비

유아식 초기

필요한 영양소가 골고루! 한 그릇 밥상

아이가 밥보다 밀가루 음식을 더 좋아해 걱정이라면 건강한
밀가루 음식을 만들어주세요.
밀가루에 당근즙과 채 썬 감자를 넣어 반죽을 하면 비타민과 무기질이
풍부한 수제비를 만들 수 있습니다.

재료 감자 1/2개 **밀가루·찹쌀가루** 1/2컵씩 **당근** 1/4개 **소금** 1/2큰술 **물** 3큰술 **[국물]**
국물용 멸치 7마리 **다시마**(5×7cm 크기) 1장 **마른 표고버섯** 3개 **물** 5컵

당근
비타민 A,
식이섬유, 칼륨

찹쌀가루
탄수화물, 인,
나이아신

감자
철분, 티아민, 인

밀가루
탄수화물, 티아민,
철분

1 당근은 믹서에 갈아
면보에 싸서 즙을 낸다.

2 감자는 필러로 최대한
얇게 슬라이스해 채 썬다.

3 큰 볼에 밀가루와 찹쌀가
루, 채 썬 감자, 당근즙, 소
금, 물을 넣고 치대어 반죽
한 후 비닐 팩에 담아 냉장
고에서 30분간 숙성한다.

4 냄비에 국물 재료를 모두
넣고 뭉근히 끓인 뒤 체에
밭쳐 국물만 밭는다.

5 ③의 반죽을 밀대로 얇
게 민 뒤 사각형으로 썰
고 밀가루를 살살 뿌려
놓는다.

6 냄비에 ④의 국물을 붓
고 끓이다 ⑤를 넣어 익을
때까지 끓인다.

두부유부소면

유아식 초기

필요한 영양소가 골고루! 한 그릇 밥상

두부를 튀긴 유부는 튀기는 동안 두부에 지방이 침투해 영양뿐 아니라
고소한 맛도 더해진 식재료입니다. 유부를 잘게 채 썰어 국수 고명으로 올리면 쫄깃한
식감이 국수의 감칠맛을 더해줍니다.

재료 **두부** 1/4모 **유부** 3장 **소면** 1/2줌 **달걀** 1개
　　　[국물] 국물용 멸치 6마리 **다시마**(5×7cm 크기) 1장 **양파** 1/4개 **마른 표고버섯** 2개 **물** 5컵

1 두부는 사방 1.5cm 크기로 깍둑 썬다.

2 유부는 끓는 물에 살짝 데쳐 건져 가늘게 채 썬다.

3 냄비에 국물 재료를 넣고 끓여 체에 밭쳐 국물만 밭는다.

4 국물에서 건진 다시마는 가늘게 채 썬다.

5 달걀은 흰자와 노른자를 나눠 각각 지단을 부쳐 채 썬다.

6 냄비에 ③의 국물을 붓고 끓이다 ①을 넣어 익으면 건져낸다.

7 소면은 끓는 물에 삶아 찬물에 헹궈 사리 지어둔다.

8 그릇에 ⑦의 소면을 담고 ⑥의 두부를 올린 뒤 채 썬 ②, ④, ⑤를 얹고 국물을 붓는다.

PART
02

MONTHS
15~18

유아식
초기

필요한
영양소가
골고루!
한 그릇 밥상

유부
지방, 칼슘, 철분

소면
탄수화물, 인, 칼슘

두부
단백질, 칼슘, 철분

달걀
단백질, 칼륨, 인

059

물김치국수

유아식 초기
필요한 영양소가 골고루! 한 그릇 밥상

아이가 김치를 무조건 싫어한다면 새콤달콤한 물김치로 아이 입맛을 사로잡아보세요.
백김치를 잘게 썰어 국수에 곁들이면 발효식품인 김치의 영양을 맛있게 섭취할 수 있는 간편한
한 끼 유아식이 완성됩니다.

유아식
초기

필요한
영양소가
골고루!
한 그릇 밥상

소면
탄수화물, 티아민,
나이아신

백김치
비타민 C, 칼륨, 인

재료 **소면** 1줌 **국물이 있는 백김치** 1/8포기
[국물] 국물용 멸치 4마리 **다시마** (5×7cm 크기) 1장 **양파** 1/4개 **마른 표고버섯** 2개
물 5컵

1 냄비에 국물 재료를 넣고 끓여 체에 밭쳐 국물만 밭는다.

2 ①의 국물에 백김치 국물을 섞는다.

3 국물을 뺀 백김치는 잘게 썬다.

4 소면은 끓는 물에 삶아 찬물에 헹궈 체에 밭쳐 물기를 뺀다.

5 그릇에 ④의 소면을 사리 지어 담고 ③을 얹은 후 ①의 국물을 붓는다.

감자우유전

유아식 초기
초간단 아침식사

정말 간편하게 만들 수 있는
한 끼 식사 겸 간식이에요.
감자를 썰어
믹서에 갈아 굽기만 하면 끝!
감자와 우유가 만나
고소하고 영양가 높은 음식이
완성된답니다.

양파 1/6개를 감자와
함께 갈아서 넣어도 좋다.
양파는 익으면 달콤한 맛이
나기 때문에 감자전이 더
부드럽고 달콤하다.

유아식
초기

초간단
아침식사

재료 **감자** 1/2개 **우유** 1큰술 **쌀가루** 2큰술 **소금** 1/2작은술 **포도씨유** 1/2큰술

1 감자는 껍질을 벗기고 깍둑 썬다.

2 믹서에 ①을 넣고 우유를 부어
간다.

3 볼에 ②를 쏟고 쌀가루, 소금을 넣
어 고루 섞는다.

4 프라이팬을 달궈 포도씨유를 두르
고 ③을 떠 넣어 노릇하게 굽는다.

양송이버섯달걀구이

유아식 초기

초간단 아침식사

버섯 중에 단백질 함량이
가장 높은 것이
양송이버섯입니다.
양송이버섯에 달걀물을 입혀
굽기만 하면 되는 간단한 요리로
담백하고 고소한 맛이
일품이랍니다.

양송이버섯에서 떼어낸
밑동은 남은 달걀물을 입혀
굽거나 국이나 찌개를 끓일
때 활용하면 좋다.

재료 **양송이버섯** 3개 **달걀** 1/2개 **소금** 약간 **포도씨유** 1/2큰술

1 양송이는 밑동을 떼어낸다.

2 그릇에 달걀을 깨 넣고 알끈을
제거한 뒤 소금을 넣고 잘 풀어 달
걀물을 만든다.

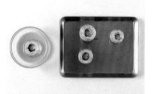

3 ①에 달걀물을 입힌다.

4 프라이팬을 달궈 포도씨유를
두르고 ③을 넣어 앞뒤로 노릇하
게 굽는다.

구운 참치소주먹밥

유아식 초기

초간단 아침식사

단백질과 오메가-3 지방산이
풍부한 참치를 밥 안에
쏘옥 넣고 달콤한
간장 소스를 발라 노릇하게
구워보세요.
별다른 반찬 없어도
맛있고 든든하게
한 끼를 해결할 수 있답니다.

재료 **통조림 참치** 1/2캔(150g) **밥** 1공기 **마요네즈** 2큰술 **소금** 약간
후춧가루 약간 **포도씨유** 1/2큰술 **[구이용 소스] 간장** 1큰술 **올리고당**
1큰술 **맛술** 1/2큰술

1 참치는 기름을 따라 버리고 체에 받
쳐 뜨거운 물을 부어 기름기를 제거한
후 키친타월에 올려 물기를 제거한다.

2 볼에 ①을 담고 마요네즈, 소금, 후
춧가루를 넣어 잘 버무린다.

주먹밥은 찰기가 있는
따뜻한 밥으로 만들어야
프라이팬에 구울 때
밥알이 흩어지지 않는다.

3 밥을 동글납작하게 빚어 한가운
데를 손으로 누르고 ②를 넣어 잘
오므린다.

4 볼에 구이용 소스 재료를 모두
섞는다.

5 주먹밥의 양면에 구이용 소스를
바르고 프라이팬을 달궈 포도씨유를
두른 뒤 앞뒤로 노릇하게 굽는다.

김치말이주먹밥

유아식 초기
초간단 아침식사

발효식품인 김치는 아이의 면역력을
키워주는 수퍼푸드입니다.
하지만 짭조름해서
아이에게 먹여도 되나 불안하기도 하지요.
그래서 준비한 메뉴입니다.
아삭한 김치를 물에 씻어
고소한 밥을 넣고 말아주면
영양 만점 김치를 염분 걱정 없이
먹일 수 있습니다.

김치가 너무 익어 짜고
신맛이 강하다면
미지근한 물에 담갔다
사용한다.

재료 **배추김치** 4장 **밥** 1공기 **[밥 양념] 소금** 1/8작은술 **참기름** 1/2작은술

1 밥에 분량의 양념을 넣고 고루 섞
는다.

2 김치는 소를 털어내고 흐르는 물
에 헹군다.

3 김칫잎이 크면 길이로 반을 잘라 크
기를 맞춰 준비한다.

4 김치를 펼치고 ①의 밥을 적당량
올려 돌돌 만다.

유아식
초기

초간단
아침식사

생후 18~24개월, 유아식 중기

"왜?", "이건 뭐야?" 등의 질문을 입에 달고 있을 정도로 호기심이 많아지는 시기입니다. 호기심이 많아진 만큼 밥을 먹는 것보다 주위 사물에 더 흥미를 느껴 식습관이 흐트러지기도 하죠. 식사를 하는 곳은 식탁 단 한 군데뿐이라는 것을 알려주고, 절대 아이를 쫓아다니며 밥을 떠먹여선 안 됩니다. 아이가 골격과 근육이 튼튼해지는 단백질·탄수화물과 더불어 신경을 안정시키는 칼슘과 두뇌 발달에 좋은 철분이 든 음식을 충분히 섭취할 수 있게 해주세요.

단백질과 철분, 칼슘을 골고루 먹이세요

지능, 창의성, 감정 조절을 담당하는 전두엽이 발달하고, 골격과 근육이 튼튼해지고 몸의 균형이 잡히는 시기입니다. 두뇌를 발달시키는 DHA가 풍부한 등 푸른 생선과 견과류 등을 자주 먹이고, 뼈와 근육 발달에 좋은 양질의 단백질과 칼슘, 철분 등도 골고루 먹여야 합니다. 칼슘과 철분은 신경을 안정시키고 집중력을 높이는 데도 반드시 필요한 영양소입니다. 특히 이 시기에 부족하기 쉬운 철분은 쇠고기, 굴, 해조류, 강낭콩 등에 많이 함유돼 있으니 자주 활용해 식단을 짜주세요.

하루 세끼를 꼬박꼬박 먹이세요

아이가 밥을 잘 먹지 않는다고, 가만있지 않고 돌아다녀서 밥을 먹이기가 힘들다고 식사를 간식으로 대체해선 안 됩니다. 밥상을 치우는 한이 있더라도 올바른 식습관이 들 때까지 영양소가 골고루 들어간 식단을 차려 하루 세끼를 일정한 시간에 꼬박꼬박 먹여야 합니다.

미소된장국 + 오렌지소스굴튀김

유아식 중기

두뇌 발달에 좋은 필수 밥상

바다의 우유라고 불리는 굴에는 두뇌 발달에 좋은 아연이 풍부하게 들어 있습니다.
하지만 물컹물컹한 식감 때문에 아이들이 잘 먹지 않으려고 하죠. 굴에 튀김옷을 입혀 고소하게
튀기고, 새콤달콤한 오렌지소스를 곁들여보세요. 여기에 튀김과
잘 어울리는 미소된장국을 끓여주면 아이가 뚝딱 해치울 거예요.

미소된장국

미소된장 1/2큰술 **아욱** 3줄기 **표고버섯** 1/2개 **양파** 1/6개
[다시마 국물] 다시마(사방 7cm 크기) 1장 **물** 3컵

1 표고버섯과 양파는 2cm 길이로 가늘게 채 썰고, 아욱은 3cm 길이로 썬다.

2 냄비에 다시마 국물을 붓고 미소된장을 풀어 끓인다.

3 ②가 끓어오르면 ①을 넣고 한소끔 끓인다.

미소된장은 빨리 끓여내야 고소하고 깔끔하다. 뭉근하게 오래 끓이면 맛이 떨어진다.

오렌지소스굴튀김

굴 5개 **레몬즙** 1작은술 **밀가루** 1큰술 **튀김용 기름** 1/2컵 **[튀김옷] 찹쌀가루** 1큰술 **찬물** 2큰술 **[소스] 오렌지즙** 3큰술 **소금** 1/4작은술 **설탕** 1/2작은술 **녹말물**(녹말 1:물 2) 1큰술

1 굴은 소금물에 씻어 체에 밭쳐 물기를 뺀 후 밀가루를 입힌다.

2 분량의 재료를 섞어 튀김옷을 만들어 ①에 입히고 170℃로 달군 기름에서 튀긴다.

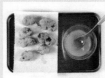

3 냄비에 녹말물을 제외한 소스 재료를 모두 넣고 잘 섞일 때까지 데우다가 끓어오르면 녹말물을 넣어 농도를 맞춘다. 접시에 ②를 담고 소스를 곁들여 낸다.

굴은 수분이 많으므로 1차로 밀가루를 입히고 다시 꼼꼼히 튀김옷을 묻혀야 튀길 때 기름이 많이 튀지 않는다.

버섯미역국 + 새우브로콜리볶음

유아식 중기
두뇌 발달에 좋은 필수 밥상

아이가 성장하는 데 촉매제 역할을 하는 엽산이 풍부한
버섯과 브로콜리를 이용한 식단이에요. 비타민 A·E·K, 무기질이 듬뿍 든 미역과 단백질이
풍부한 새우를 더해 영양 만점 식단을 완성해보세요.

유아식
중기

두뇌 발달에
좋은
필수 밥상

버섯미역국

느타리버섯 1/2줌 **불린 미역** 1/4컵 **다진 마늘** 1/3작은술 **참기름** 1/2작은술 **간장** 1/3큰술 **소금** 약간 **물** 2컵

1 느타리버섯은 밑동을 잘라내고 잘게 찢는다.

2 불린 미역은 잘게 썬다.

3 냄비를 달궈 참기름을 두르고 불린 미역을 볶다가 물을 부어 끓인다.

4 ③이 끓어오르면 다진 마늘, 느타리버섯, 간장을 넣고 중약불에서 10분간 끓인 후 소금으로 간한다.

느타리버섯 대신 아이들이 좋아하는 쫄깃쫄깃한 팽이버섯을 이용해도 좋다.

새우브로콜리볶음

알새우 5마리 **브로콜리** 1/8송이 **[양념]** **간장** 2큰술 **맛술** 1큰술 **물엿** 1/2큰술

1 새우와 브로콜리는 깨끗하게 손질해 사방 0.7cm 크기로 썬다.

2 프라이팬에 양념 재료를 모두 넣고 끓으면 ①을 넣어 볶는다.

새우는 손질할 때 등 쪽의 내장을 제거해야 맛이 깔끔하고 고소하다. 새우 등의 두 번째 마디에 있는 내장을 이쑤시개로 빼내면 손쉽게 제거할 수 있다.

두부된장국 + 새우고구마조림

유아식 중기
두뇌 발달에 좋은 필수 밥상

부드러운 두부는 소화기가 약한 아이가 먹어도 부담이 없는 완전식품이에요.
새우와 식이섬유가 풍부한 고구마를 달콤하게 조려 곁들여보세요.
변비로 고생하는 아이에게 추천하는 식단입니다.

두부된장국

두부 1/4모 **된장** 1/2큰술 **무**(20cm 길이) 1/8개 **양파** 1/6개 **실파** 3뿌리 **물** 2컵

1 두부는 사방 1cm 크기로 깍둑 썰고, 무와 양파는 2cm 길이로 굵직하게 채 썬다. 실파는 송송 썬다.

2 냄비에 물을 붓고 된장을 체에 걸러 덩어리 없이 푼 후 ①의 무와 양파를 넣고 끓인다.

3 ②가 끓어오르면 불을 줄이고, 두부와 실파를 넣어 10분간 더 끓인다.

아이를 위해 유기농 두부를 많이 찾지만 국산 유기농 콩은 생산량이 많지 않아 국산 콩으로 만든 유기농 두부는 거의 없다. 유전자 조작 때문에 수입 콩이 꺼려진다면 유기농 두부보다 대두의 원산지를 확인하는 것이 좋다.

새우고구마조림

알새우 7개 **고구마** 1/2개 **간장** 1큰술
[조림 양념] **물엿** 1큰술 **맛술** 1큰술 **매실청** 1/2큰술 **참기름** 1/3큰술 **물** 2큰술

1 고구마는 껍질을 벗기고 사방 1cm 크기로 깍둑 썰어 끓는 물에 살짝 익힌다.

2 프라이팬에 조림 양념 재료를 모두 넣고 끓어오르면 ①과 알새우를 넣고 고구마가 익을 때까지 조린다.

고구마는 끓는 물에서 반 정도 익혀야 고구마의 전분이 빠져나와 조렸을 때 깔끔하고, 양념에 오래 조리지 않아도 되기 때문에 삼삼한 맛의 조림을 만들 수 있다.

감잣국 + 숙주게살초무침

유아식 중기
두뇌 발달에 좋은 필수 밥상

감자를 나박나박 썰어 맑게 끓인 감잣국과 숙주와 게살을
새콤달콤하게 무친 초무침은 입맛이 떨어진
아이의 식욕을 돋워줍니다. 숙주는 맛이 달고 식감이 부드러워 아이가 먹기에 좋고,
성질이 차기 때문에 열이 많은 아이에게 제격인 식재료입니다.

유아식
중기

두뇌 발달에
좋은
필수 밥상

감잣국
감자 1/4개 **양파** 1/6개 **대파**(5cm 길이) 1대 **다시마**(사방 7cm 크기) 1장 **간장** 1큰술
소금 약간 **물** 2컵 **다진 마늘** 1/3작은술

1 감자는 1×2cm 크기
로 나박나박 썰고, 양파
는 가늘게 채 썰고, 대파
는 다진다.

2 냄비에 물을 붓고 다시
마를 넣어 끓어오르면 다
시마를 건져내고 감자와
간장, 소금을 넣어 끓인다.

3 국이 보글보글 끓어오르
면 양파와 대파, 다진 마늘
을 넣고 중간 불에서 10분
간 더 끓인다.

감자는 자주 쓰는
식재료이지만 한꺼번에
많이 사놓으면 싹이 나기
쉽다. 감자 싹에는 독성이
있으므로 먹을 양만큼만
구입해서 요리하는 것이
좋다.

숙주게살초무침
숙주 1/2컵 **게살**(6cm 길이) 2쪽
[양념] 매실청 1/2큰술 **간장** 1/4큰술 **참기름** 1/2큰술 **깨소금** 1/2작은술

1 숙주는 끓는 물에 데쳐
찬물에 헹군 뒤 물기를 꼭
짜고 2~3cm 길이로 썬다.
게살은 잘게 찢는다.

2 볼에 양념 재료를 넣고
고루 섞은 뒤 ①을 넣어
조물조물 무친다.

숙주는 끓는 물에
뚜껑을 연 채 살짝 데치듯
삶아야 아삭하고
부드러운 무침 요리를
만들 수 있다.

미역냉국 + 오징어채소볶음

유아식 중기

두뇌 발달에 좋은 필수 밥상

예민한 아이는 새로운 음식을 거부하고 익숙한 음식만 먹으려고 합니다.
아이의 호기심을 자극해 다양한 음식을 접할 수 있도록 유도해주세요. 오징어에 칼집을 내어 요리하고
여기에 아이에게 익숙한 하얀색 채소를 함께 넣어 볶아주면 아이가 거부감 없이 먹을 수 있어요.
아이들이 좋아하는 새콤달콤한 미역냉국도 곁들여주세요.

**유아식
중기**

두뇌 발달에
좋은
필수 밥상

미역냉국

불린 미역 1/4컵 **오이**(20cm 길이) 1/6개 **빨강·노랑 파프리카** 1/6개씩
[냉국 국물] 식초 1큰술 **매실청** 1큰술 **설탕** 1/2큰술 **소금** 1/3큰술 **물** 2컵

1 불린 미역은 찬물에
비벼 씻어 물기를 짜고
2~3cm 길이로 썬다. 오
이와 파프리카는 2cm 길
이로 가늘게 채 썬다.

2 볼에 냉국 국물 재료를
모두 넣고 섞은 다음 ①
을 넣어 섞는다.

불린 미역은 깨끗이
씻어 그대로 사용해도
무방하지만 끓는 물에
살짝 데치면 섬유질이
부드러워져 아이가 먹기
편하다.

오징어채소볶음

오징어(몸통 부분) 1/2마리 **양배추** 1/8개 **콜리플라워** 1/4개 **포도씨유** 1큰술
[양념] 다진 마늘 1/3큰술 **물엿** 1/3큰술 **간장** 1/4큰술

1 오징어는 껍질을 벗기고
안쪽에 빗살 모양으로 가늘
게 칼집을 낸 뒤 2.5×1cm
크기로 썬다. 양배추와 콜
리플라워는 2cm 길이로
채 썬다.

2 프라이팬을 달궈 포도씨
유를 두르고 오징어를 센 불
에 볶은 뒤 불을 줄이고 ①
의 채소와 양념을 넣어 채
소가 익을 때까지 볶는다.

오징어를 손질해 그냥
조리하면 아이들은 치아가
약해 씹기 힘들다. 반드시
오징어 안쪽에 잘게 칼집을
낸 뒤 조리한다.

쇠고기맑은국 + 두부새우볶음

유아식 중기
두뇌 발달에 좋은 필수 밥상

몸에 좋은 식재료를 이것저것 넣어 알록달록하게 음식을 해줘도 아이가 관심을 보이지 않는다고요?
아이는 아직 새로운 음식보다 익숙하고 단출한 음식이 더 편할 수 있습니다.
쇠고기를 넣어 맑은국을 끓이고 두부와 새우를 함께 볶아 차린 식단입니다. 소박하면서도
맛과 영양을 모두 챙긴 보양 밥상입니다.

유아식
중기

두뇌 발달에
좋은
필수 밥상

쇠고기맑은국

쇠고기(홍두깨살) 1/3컵 **마늘** 1쪽 **다진 쪽파** 1/2큰술 **소금** 약간 **후춧가루** 약간 **다시마**
(사방 7cm 크기) 1장 **물** 2컵

쇠고기를 익힐 때는 냄비
뚜껑을 열고 끓여야 쇠고기
특유의 잡냄새가 사라지고,
담백하고 맑은 국물을 낼
수 있다.

 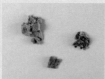 

1 쇠고기는 찬물에 담가
핏물을 뺀 뒤 냄비에 담
고 마늘, 다시마, 물을 넣
어 끓인다.

2 물이 끓어오르면 다시마
를 건져내고 거품을 걷어낸
뒤 불을 줄여 쇠고기가 완전
히 익도록 20분 정도 더 끓
인다. 재료를 모두 건져내고
쇠고기는 가늘게 찢는다.

3 ②의 육수에 다진 쪽파
를 넣고 소금과 후춧가루
로 간한 뒤 불을 끄고 찢어
둔 쇠고기와 함께 그릇에
담는다.

두부새우볶음

두부 1/4모 **알새우** 5마리 **포도씨유** 1큰술 **밀가루** 약간 [양념] **간장** 1/4큰술 **매실청**
1/2작은술 **참기름** 1/2작은술

두부에 밀가루를 두껍게
바르면 텁텁하고 구울 때
지저분하다. 밀가루는
두부의 수분을 흡수시킬
정도로만 살짝 입힌다.

1 알새우는 깨끗이 씻고,
두부는 사방 1cm 크기로
깍둑 썰어 밀가루를 살짝
덧바른다.

2 프라이팬을 달궈 포도씨
유를 두르고 두부를 노릇하
게 구운 뒤 양념과 알새우
를 넣어 다시 한 번 볶는다.

달걀부춧국 + 닭가슴살콜리플라워볶음

유아식 중기

두뇌 발달에 좋은 필수 밥상

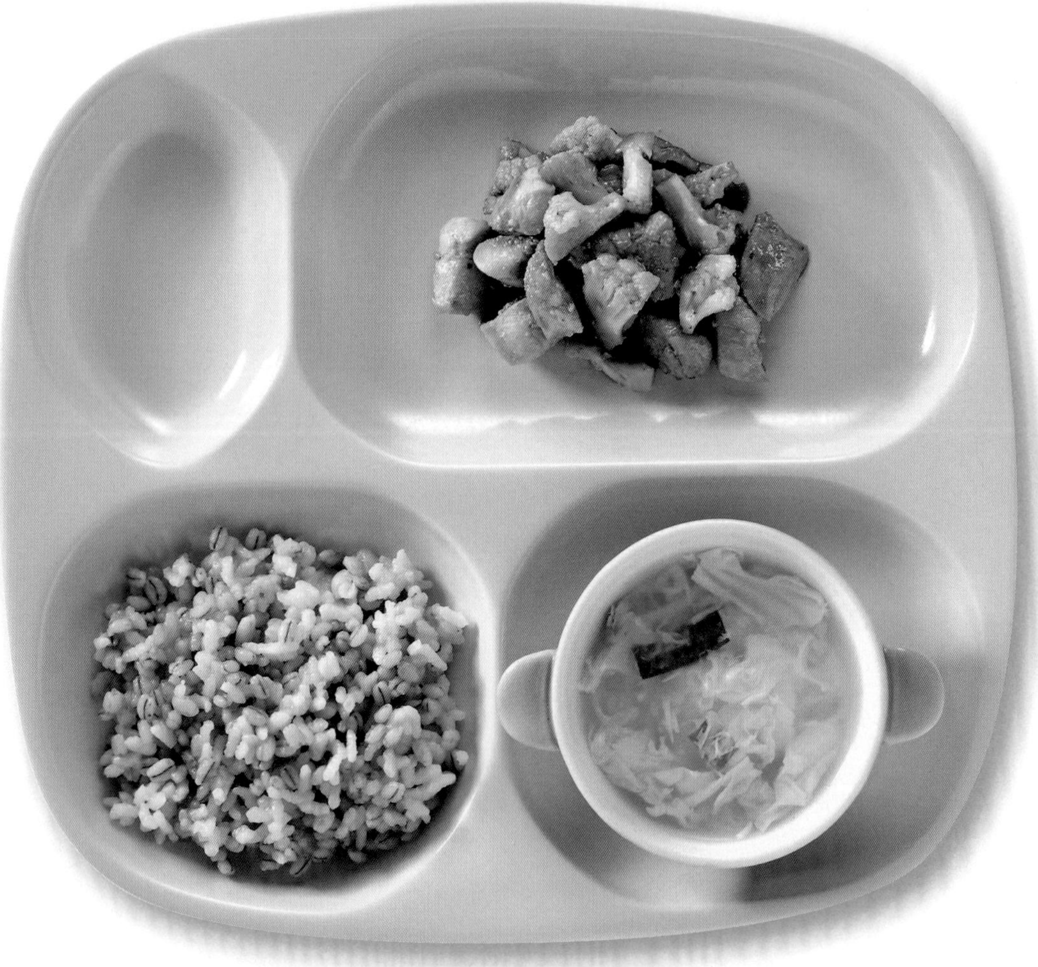

노오란 달걀을 풀어 부드럽게 달걀국을 끓이고, 새하얀 닭가슴살과 콜리플라워를 섞어
달콤하게 볶았어요. 낯선 음식을 거부하는 아이들에게
편안한 색감의 음식을 만들어주어 엄마 음식과 친해질 시간을 주세요.

유아식
중기

두뇌 발달에
좋은
필수 밥상

달걀부춧국

달걀 1/2개 **부추** 3줄기 **소금** 1/4작은술 **다시마**(사방 7cm 크기) 1장 **물** 2컵

1 달걀은 볼에 깨 넣고 알끈을 제거한 뒤 곱게 푼다. 부추는 2cm 길이로 썬다.

2 풀어놓은 달걀에 부추를 넣어 섞는다.

3 냄비에 물을 붓고 다시마를 넣어 끓이다 물이 끓어오르면 다시마를 건져내고 ②를 돌려가며 붓는다. 재료가 익으면 소금으로 간한다.

달걀물은 국이 완성되기 직전에 돌려 부어 달걀이 덩어리지기 시작하면 바로 불을 꺼야 입안에서 살살 녹는 부드러운 달걀국을 만들 수 있다.

닭가슴살 콜리플라워볶음

닭가슴살 1/3쪽 **콜리플라워** 1/8송이 **맛술** 1/2큰술 **포도씨유** 1/2큰술 **[양념]** 간장 1큰술 물엿 1/2큰술 맛술 1/2큰술

1 닭가슴살은 한입 크기로 썰어 맛술에 절이고, 콜리플라워는 0.7cm 크기로 잘라 끓는 물에 데쳐 찬물에 헹군다.

2 프라이팬을 달궈 포도씨유를 두르고 ①을 중간 불에서 볶다가 양념을 섞어 넣고 다시 한 번 볶는다.

퍽퍽한 닭가슴살도 잘 조리하면 부드럽고 고급스러운 맛을 낼 수 있다. 중간 불에서 핏물이 나오지 않고 하얗게 익을 정도로 볶으면 부드러운 닭가슴살 요리를 만들 수 있다.

데리야키쇠고기덮밥

유아식 중기

필요한 영양소가 골고루! 한 그릇 밥상

쇠고기는 단백질뿐 아니라 철분이 풍부한 필수 식재료입니다.
고소하게 볶은 쇠고기에 달콤한 데리야키 소스를 얹어 덮밥을 만들어주세요.
맛있게 철분을 섭취할 수 있는 한 그릇 유아식입니다.

재료 **얇게 썬 쇠고기** 50g(약 1/2컵) **다진 쪽파** 1/2큰술 **당근** 1/10개
데리야키 소스 2큰술 **마늘** 1/4작은술 **참기름·후추·포도씨유** 약간씩

당근
비타민 A,
식이섬유, 칼륨
쪽파
비타민 A, 칼륨, 칼슘
쇠고기
단백질, 지방,
리보플래빈

유아식
중기

필요한
영양소가
골고루!
한 그릇 밥상

1 쇠고기는 키친타월에 올려 핏물을 빼고 잘게 채 썰어 참기름, 마늘, 후추 를 넣고 조물조물 무친다.

2 쪽파와 당근은 아주 잘 게 썬다.

3 프라이팬을 달궈 기름 을 두르고 ②를 넣어 볶다 가 ①을 넣어 볶는다.

4 그릇에 밥을 담고 ③ 을 올린 뒤 데리야키 소스 를 뿌린다.

가지된장덮밥

유아식 중기

필요한 영양소가 골고루! 한 그릇 밥상

가지에는 안토시아닌 성분이 들어 있어 아이의 눈 건강에 좋을 뿐 아니라
비타민과 식이섬유도 풍부해 변비를 예방하는 데도 좋습니다.
아이가 가지를 싫어한다면 미끌미끌한 식감 때문인 경우가 많습니다. 가지를 채 썰어 조리하면
특유의 식감은 줄이고 쫄깃한 맛은 살릴 수 있습니다.

재료 가지 1/5개 **상추** 1/2장 **포도씨유** 1작은술
[된장 소스] 된장 1/2큰술 **물** 2큰술 **참기름** 약간

상추
비타민 A·C, 철분

가지
티아민, 칼륨,
비타민 A

유아식
중기

필요한
영양소가
골고루!
한 그릇 밥상

1 냄비에 분량의 소스 재료를 넣고 끓여 된장 소스를 만든다.

2 상추는 2cm 길이로 채 썰고, 가지는 필러로 얇게 썰어 2cm 길이로 채 썰어 팬에 기름을 두르고 볶는다.

3 그릇에 밥을 담고 ①을 올린 뒤 볶은 가지와 채 썬 상추를 얹는다.

두부강정깻잎덮밥

유아식 중기
필요한 영양소가 골고루! 한 그릇 밥상

고단백 식품으로 알려진 두부는 장 건강에 좋은 올리고당도 많이 함유하고 있습니다.
올리고당은 장의 활동과 소화흡수력을 도와 변비 예방에 좋고,
아직 소화력이 미숙한 아이에게 안성맞춤입니다. 두부를 살짝 튀겨 달콤한 양념에 조리면
두부의 물컹한 식감을 싫어하는 아이도 맛있게 먹을 수 있습니다.

재료 **두부** 1/4모 **깻잎** 1장 **녹말·간장·물엿** 1큰술씩 **카놀라유** 4큰술

두부
단백질, 칼슘, 철분
깻잎
비타민 A,
나이아신, 칼슘

유아식
중기

필요한
영양소가
골고루!
한 그릇 밥상

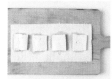

1 두부는 3×3cm 크기로 얇게 썰어 키친타월에 올려 물기를 거둔다.

2 ①의 두부에 녹말을 묻혀 170℃로 달군 기름에 튀긴다.

3 다른 팬에 튀긴 두부를 담고 간장, 물엿을 섞어 넣어 조린다.

4 깻잎은 가늘게 채 썬다.

5 그릇에 밥을 담고 ③과 ④를 얹는다.

091

간장조림닭가슴살덮밥

유아식 중기
필요한 영양소가 골고루! 한 그릇 밥상

다른 육류에 비해 지방 함량이 적고 단백질과 칼슘 등이 풍부한 닭고기에
비타민 C가 듬뿍 든 양배추를 곁들인 영양 밥상입니다. 부드러운 닭가슴살에 아삭아삭한 양배추
채를 넣어 씹는 재미도 더했습니다.

재료 **닭가슴살** 1/2쪽 **양배춧잎** 1/4장 **물** 1컵 **간장** 1큰술 **마늘즙·생강즙·복분자즙** 1/2큰술씩
슬라이스 아몬드·소금 약간씩 **우유** 1/2컵

1 닭가슴살은 우유에 10분간 담가 잡내를 제거한 후 끓는 물에 삶는다.

2 냄비에 ①을 건져 담고 간장, 마늘즙, 생강즙, 복분자즙을 넣어 조린다.

3 양배추는 가늘게 채 썰어 소금으로 간한다.

4 ②의 닭가슴살은 작게 깍둑 썬다.

5 그릇에 밥을 담고 ③, ④, 슬라이스 아몬드를 올린다.

아몬드
지방, 비타민 E,
리보플래빈
- - - - - - - - - -
닭가슴살
단백질, 지방,
리보플래빈
- - - - - - - - - -
양배추
비타민 C, 칼슘, 칼륨

유아식
중기

필요한
영양소가
골고루!
한 그릇 밥상

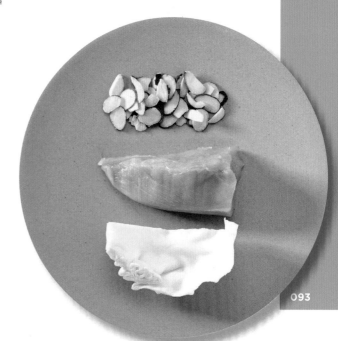

봉골레스파게티

유아식 중기
필요한 영양소가 골고루! 한 그릇 밥상

부드럽게 삶은 스파게티 면에 쫄깃한 조개가 어우러진 봉골레스파게티를 만들어주세요.
혈액 내 콜레스테롤 수치를 낮추는 타우린이 풍부한 조개는
소아 비만을 예방하고, 철분과 무기질이 듬뿍 들어 있어 면역력 향상에도 도움을 줍니다.

방울토마토
칼륨, 베타카로틴,
비타민 A

모시조개
단백질, 인, 철분

스파게티 면
단백질, 탄수화물,
나이아신

유아식
중기

필요한
영양소가
골고루!
한 그릇 밥상

재료 스파게티 면 1/2줌 **모시조개** 1컵 **방울토마토** 3개
다진 마늘 1작은술 **맛술** 2큰술 **올리브유** 약간

1 조개는 소금물에 담가
해감한 뒤 냄비에 담고 조
개가 잠길 정도로 물을 부
어 조개의 입이 모두 벌어
질 때까지 삶는다.

2 다른 냄비에 물을 붓고
끓으면 스파게티 면은 넣
고 12분간 삶아 건진다.

3 프라이팬을 달궈 기름
을 두르고 다진 마늘을
살짝 볶다가 삶은 조개를
넣어 한 번 볶은 뒤 맛술
을 넣어 센 불에서 잡내
를 잡는다.

4 ③에 ②를 넣고 방울토마
토를 4등분해 넣은 뒤 한 번
더 볶는다.

온메밀국수

유아식 중기
필요한 영양소가 골고루! 한 그릇 밥상

소화가 잘되는 메밀은 칼슘이 풍부해 아이의 뼈 건강에 좋고,
식이섬유소도 다량 함유해 변비 예방에도 좋습니다. 멸치 국물에 메밀국수만 넣고 끓여도
깊고 구수한 한 그릇 국수가 완성됩니다.

메밀국수
탄수화물, 단백질, 인
김
철분, 리보플래빈,
나이아신

유아식
중기

필요한
영양소가
골고루!
한 그릇 밥상

재료 **메밀국수** 1/2줌 **구운 김** 1/4장
[국물] 다시마(5×7cm 크기) 1장 **국물용 멸치** 4마리 **간장·설탕** 1/2큰술씩 **소금** 약간 **물** 5컵

1 메밀국수는 끓는 물에
4분 정도 삶아 찬물에 헹
궈 체에 밭친다.

2 냄비에 국물 재료를 모
두 넣고 끓인다.

3 그릇에 ①을 담고 국물
을 부은 뒤 구운 김을 채
썰어 얹는다.

새우탕

유아식 중기
필요한 영양소가 골고루! 한 그릇 밥상

새우는 칼슘과 타우린이 풍부하게 들어 있어 성장기 아이에게 좋은 식재료입니다.
특히 가을 새우는 보약이라고 불릴 정도지요.
새우와 흰 쌀국수, 초록 부추를 넣고 새우탕을 끓이면 알록달록한 색감이
아이의 호기심을 자극해 아이가 잘 먹습니다.

재료 알새우 8마리 **쌀국수** 1/2줌 **부추** 2줄기 **사골 국물·물** 1/2컵씩

유아식
중기

필요한
영양소가
골고루!
한 그릇 밥상

쌀국수	사골 국물
탄수화물, 비타민 C, 칼륨	단백질, 비타민 A, 리보플래빈
새우	부추
단백질, 철분, 인	비타민 A·B·C

1 쌀국수는 찬물에 불려 준비한다.

2 새우는 손질해 5등분하고, 부추는 잘게 다진다.

3 냄비에 사골 국물과 물을 붓고 끓이다 새우를 넣는다.

4 ③이 팔팔 끓으면 쌀국수와 부추를 넣고 30초 정도 끓인다.

99

잣들깨탕

유아식 중기
필요한 영양소가 골고루! 한 그릇 밥상

잣은 탄수화물, 단백질, 불포화지방산에 비타민 A·B₁·E, 철분, 칼슘까지
듬뿍 들어 있는 영양 만점 견과류입니다. 단, 많이 섭취하면 설사할 수 있으니
하루 5~10알을 넘지 않게 먹이는 게 좋아요.
잣에 들깻가루까지 더해 고소한 맛이 끝내주는 잣들깨탕은 엄마 아빠에게도 별미입니다.

재료 소면 1/2줌 **들깻가루** 1큰술 **잣** 5알 **소금** 약간
[국물] 국물용 멸치 5마리 **물** 5컵

1 냄비에 국물 재료를 넣고 끓여 체에 밭쳐 국물을 밭는다.

2 ①의 국물을 냄비에 붓고 끓으면 국수를 넣고 끓이다 들깻가루를 넣는다.

3 ②가 다 끓으면 그릇에 담고, 잣을 다져 소금과 섞어 위에 얹는다.

소면
탄수화물, 티아민,
나이아신

들깻가루
식이섬유, 칼슘, 인

잣
지방, 단백질, 인

유아식
중기

필요한
영양소가
골고루!
한 그릇 밥상

간장김밥

유아식 중기
초간단 아침식사

소화가 잘되는 쌀밥과 김으로 만든
간단한 아침식사입니다.
탄수화물이 배를 든든하게 채워주므로
특히 아이가 아침 일찍 일어나
점심 시간까지 시간이 길어지는 날
만들어주면 좋습니다.

재료 **밥** 1/2공기 **김밥용 김** 1장 **[간장 소스] 간장** 1/2큰술 **참기름** 1/2작은술

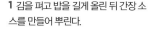

1 김을 펴고 밥을 길게 올린 뒤 간장 소스를 만들어 뿌린다.

2 김밥을 돌돌 말아 아이가 먹기 좋게 잘라준다.

양송이수프

유아식 중기
초간단 아침식사

아이가 유난히 입맛 없어 하는 날,
감기 등으로 아픈 날 먹이세요.
부드러운 식감과 고소한 맛이
식욕을 돋우고,
속도 편안하게 해줄 거예요.

재료 **양송이** 2개 **밀가루** 1큰술 **버터** 1/2큰술 **우유** 1컵 **소금** 약간

1 양송이는 믹서에 간다.

2 냄비를 달궈 버터를 녹이고 밀가
루를 넣어 갈색이 되도록 볶아 루
를 만든다.

3 ②에 ①의 양송이와 우유를 넣고
약한 불에서 눌어붙지 않게 저어가
며 끓인다.

4 소금으로 간하고 그릇에 담는다.

달걀밥

유아식 중기

초간단 아침식사

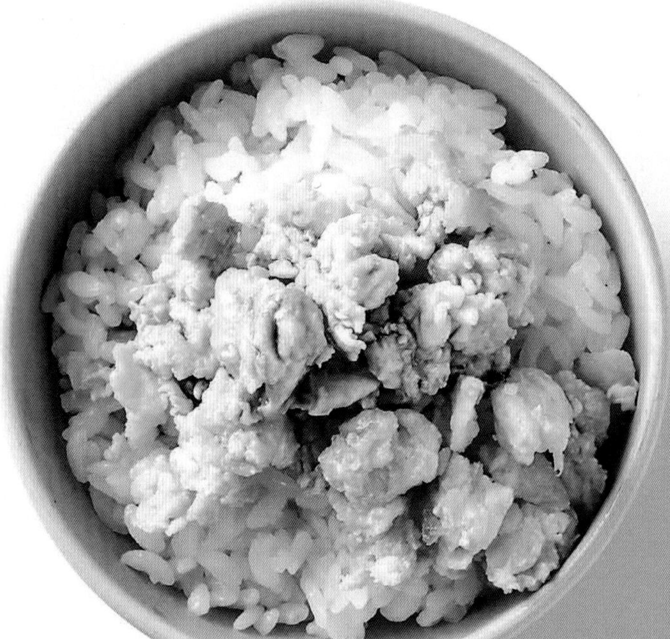

영양 많은 달걀과 참기름의 고소한 맛이
어우러져 매일 먹어도 지겹지 않은 아침식사
메뉴입니다.
편식이 심한 아이도 가리지 않고,
씹는 훈련을 할 수 있어요.

재료 **밥** 1/2공기 **달걀** 1개 **간장** 1큰술 **참기름** 1/2큰술

1 프라이팬에 식용유를 두르고 달걀
을 깨뜨려 넣는다.

2 달걀을 휘저어가며 약한 불에
서 익힌다.

3 그릇에 밥을 담고 ②를 올린 뒤 간
장과 참기름을 뿌린다.

채소죽

유아식 중기
초간단 아침식사

아침에 잘 소화하지 못하는
아이들에게 제격인 식사입니다.
아이가 채소를 싫어한다면
채소를 더 작게 다져 넣으세요.

재료 밥 1/2공기 **자투리 채소** 1/2컵 **구운 김** 1/2장 **참기름** 1큰술 **물** 2컵

1 애호박, 감자, 양파, 당근 등 자투리
채소는 각각 잘게 다진다.

2 냄비에 참기름을 두르고 ①을 넣
어 볶는다.

3 ②에 밥을 넣고 물을 부어 뭉근
히 끓인다.

4 구운 김은 비닐봉지에 넣고 부순다.

5 ③의 밥알이 적당히 퍼지면 그릇에
담고 김가루를 얹는다.

생후 24~36개월, 유아식 후기

친구가 생기고 또래 아이들과 어울리기 시작합니다. 말을 잘 듣던 아이가 갑자기 "싫어", "안 해", "내가 할 거야" 하며 고집을 부리기 시작하지요. 다양한 감정이 생기면서 엉뚱한 말을 하 거나 떼를 쓰기도 합니다. 자기 물건에 집착이 생기고, 스스로 숟가락을 들고 밥을 먹으려고 합니다. 아이가 혼자 밥을 먹겠다고 하면 조금 서툴러도 격려해주세요. 아이는 스스로 할 수 있다는 것을 알면 밥 먹는 데 재미를 붙입니다. 자기 고집과 의견이 강해지기 때문에 먹고 싶 은 것만 먹으려 하고 편식이 심해집니다. 밥을 억지로 먹이지 말고 아이가 재미있게 먹을 수 있도록 다양한 방법으로 요리해주세요.

편식을 바로잡는 요리 놀이를 하세요

숟가락 놓기, 음식 담기 등 식사 준비를 돕게 하거나 밀가루 반죽 만들기, 채소 썰기 등 요리 놀이를 하면 아이는 밥 먹는 데 즐거움을 느낍니다. 식사가 끝날 때까지 자리를 지키고 음식을 잘 씹어 삼키게 하는 등 식탁 예절을 익히게 하는 것도 중요합니다. 서툴다고 혼내거나 지시형 말투로 강요하지 않도록 하세요. 아이가 예의 바른 말 이나 행동을 하면 칭찬해주는 것도 잊지 마시고요.

아이만의 전용 제품을 마련해주세요

아이가 여전히 한자리에 앉아서 식사를 하지 않는다면 아이 식탁, 아이 전용 식판이나 유아식 전용 그릇을 마련 해주세요. 소유욕이 강해져 '내 것'에 대한 집착이 생기는 이 시기 아이에게 효과적인 방법입니다. 그릇이나 식 판에 친구처럼 이름을 지어주는 것도 좋습니다.

맑은뭇국 + 브로콜리바지락볶음

유아식 후기
알레르기가 있는 아이를 위한 영양 밥상

알레르기
체질이에요

고기를 넣지 않고 끓여 시원한 맑은뭇국은 알레르기가 있어 고민스러운 아이에게
최고의 밥상입니다. 브로콜리는 소화를 도와주기 때문에 속 편하게 먹을 수 있습니다.
여기에 단백질이 풍부한 바지락으로 부족한 영양까지 가득 채워
영양도 잡고 소화도 잘되는 착한 식단입니다.

유아식
후기

알레르기가
있는 아이를
위한
영양 밥상

맑은뭇국　　**무**(20cm 길이) 1/8개　**다진 마늘** 1/2작은술　**소금** 1/2작은술　**참기름** 1/2작은술
다진 파 1/4작은술　**물** 2컵

1 무는 깨끗이 손질하여 2×1cm 크기로 나박나박 썬다.

2 냄비에 참기름을 두르고 다진 마늘과 무를 넣어 뽀얀 국물이 나올 때까지 볶는다.

3 무가 투명해지고 물이 나오기 시작하면 물 2컵을 부어 끓이다가 무가 투명해지고 충분히 끓어오르면 소금, 다진 파를 넣고 한소끔 끓인다.

무를 이용해 아이들에게
음식을 만들어줄 때는 무의
중간 부분을 사용하는 게
좋다. 질기거나 맵지 않기
때문에 아이들도 맛있게
먹을 수 있다.

브로콜리바지락볶음　　**브로콜리** 1/6송이　**바지락** 1컵　**소금** 약간　**간장** 1큰술　**맛술** 1/2큰술

1 바지락은 해감한 후 끓는 물에 데쳐 살만 발라내고 브로콜리는 송이를 2×2cm 크기로 잘라 끓는 물에 데쳐 찬물에 헹군다.

2 프라이팬을 달궈 ①을 넣고 양념을 넣어 고루 볶는다.

바지락은 소금물에 담가
검은 비닐을 씌워 어두운
곳에서 해감한다. 봉지에
들어 있는 것도 모래가 있는
경우가 많기 때문이다.

흰살생선미역국 + 양배추애호박볶음

유아식 후기
알레르기가 있는 아이를 위한 영양 밥상

알레르기
체질이에요

아이가 알레르기 체질이라면 기름기 많은 붉은 살 생선보다 흰살 생선을
먹이는 게 좋아요. 이유기부터 익숙하게 먹어온 양배추와 애호박은 아이 입맛도 사로잡고
면역력도 키울 수 있는 일석이조 반찬입니다.

흰살생선미역국

흰살 생선 포(동태나 대구) 1쪽 **불린 미역** 1/3컵 **다진 마늘** 1/2작은술 **국간장** 1작은술
참기름 약간 **물** 2컵

생선 요리를 할 때는 가시에
주의해야 한다. 포를 뜬
생선이라도 아이가 먹을
음식을 요리할 때는 가시가
있는지 꼭 살펴본다.

1 흰살 생선은 가시를 발
라내고 2×2cm 크기로 썬
다. 불린 미역은 3cm 길
이로 잘게 썬다.

2 냄비에 참기름을 두르
고 다진 마늘과 불린 미역
을 넣고 볶는다.

3 미역이 파랗게 변하기
시작하면 물 2컵과 흰살
생선을 넣고 펄펄 끓으면
국간장으로 간하고 한소
끔 더 끓인다.

양배추애호박볶음

양배춧잎 1장 **애호박** 1/3개 **다진 마늘** 1/2작은술 **포도씨유** 1/2큰술
[양념] 소금 1/2작은술 **맛술** 1/2큰술 **참기름** 약간

1 양배추는 깨끗이 손질
해 4cm 길이로 가늘게 채
썰고 애호박은 반달 모양
으로 슬라이스한다.

2 프라이팬을 달궈 포도씨
유를 두르고 마늘을 볶다가
향이 나면 ①과 맛술을 넣고
볶는다. 숨이 죽으면 소금으
로 간하고 참기름을 두른 뒤
센 불에 볶아 윤기를 낸다.

부추바지락맑은국 + 감자찜닭

유아식 후기
알레르기가 있는 아이를 위한 영양 밥상

아이가 달걀 알레르기가 있다면 단백질 섭취에 신경 써야 합니다. 바지락과 닭고기에
들어 있는 양질의 동물성 단백질을 섭취할 수 있는 식단입니다.
부추, 감자, 당근 등 비타민이 풍부한 채소를 곁들이면 모든 영양소가 듬뿍 들어 있는
균형 잡힌 식사를 할 수 있어요.

**유아식
후기**

알레르기가
있는 아이를
위한
영양 밥상

부추바지락맑은국　　　**부추** 3줄기 **바지락** 1컵 **소금** 1/2큰술 **물** 2컵

1 바지락은 소금물에 담가 해감한 후 건져 냄비에 담고 물 2컵을 붓고 끓여 체에 밭아 살만 발라낸다. 부추는 2cm 길이로 썬다.

2 바지락 국물은 체에 밭쳐 냄비에 붓고 바지락살과 부추를 넣고 끓어오르면 소금으로 간한다.

바지락을 삶을 때 올라오는 거품은 꼭 걷어낸다. 국물이 맑고 비리지 않을 뿐만 아니라 더 오래간다.

감자찜닭　　　**닭가슴살** 1쪽 **감자** 1/2개 **당근** 1/8개 **물** 1큰술
[양념] **간장** 1큰술 **맛술** 1큰술 **물엿** 1/2큰술 **물** 1/2컵

1 닭가슴살은 사방 2cm 크기로 깍둑 썰고 당근, 감자도 사방 2cm 크기로 썰어 모서리를 둥글게 다듬는다.

2 프라이팬을 달궈 물을 넣고 닭가슴살과 채소를 넣어 볶다가 양념을 넣어 자박자박하게 조린다.

감자나 당근을 찜 요리에 넣을 때는 모서리를 둥글게 깎는다. 그러면 부서지지 않고 깔끔한 찜 요리를 만들 수 있다.

참깨미역국 + 새우청경채볶음

유아식 후기
알레르기가 있는 아이를 위한 영양 밥상

아이가 우유를 마시지 못하면 단백질과 칼슘이 부족하지 않을까 걱정되지요?
단백질과 칼슘이 풍부한 새우와 참깨를 이용해 식단을 짜보세요. 아이가 우유를 마시지 않아도
뼈 튼튼, 영양 만점 식사를 할 수 있답니다.

**유아식
후기**

알레르기가
있는 아이를
위한
영양 밥상

참깨미역국

불린 미역 1/2컵 **참깨** 1큰술 **다진 마늘** 1/2작은술 **국간장** 1작은술 **소금** 약간 **물** 4컵

아이들은 아직 통깨를
소화하기 힘들므로
꼭 절구에 갈아서
사용한다.

1 참깨는 절구에 곱게
간다.

2 불린 미역은 3cm 길이
로 썬다.

3 냄비에 참기름을 두르
고 불린 미역과 다진 마늘
을 볶다가 미역이 푸르게
변하면 물을 붓고 끓인다.

4 팔팔 끓기 시작하면 국
간장과 소금으로 간하고
5분간 더 끓인 후 간 참깨
를 넣는다.

새우청경채볶음

알새우 8마리 **청경채** 3장 **포도씨유** 1/2큰술
[양념] 간장 1작은술 **맛술** 1작은술 **설탕** 1작은술 **다진 마늘** 1/4작은술 **참기름** 약간

1 알새우는 먹기 좋게 반으
로 자르고 청경채는 깨끗이
씻어 2cm 크기로 썬다.

2 분량의 재료를 섞어 양
념을 만든다.

3 프라이팬을 달궈 포도씨
유를 두르고 청경채와 새
우를 볶다가 익기 시작하
면 양념장을 넣어 센 불에
서 볶아낸다.

119

애호박새우살국 + 시금치달걀말이

유아식 후기
편식하는 아이를 위한 솔루션 밥상

채소를
뱉어내요

채소를 먹지 않으려는 아이에게 채소를 먹이는 방법이 있답니다. 다른 재료에 채소를 숨기거나
좋아하는 재료와 섞어주는 것이죠. 아이들이 좋아하는 달걀에 시금치를 넣어 말아주고,
새우를 애호박과 함께 국을 끓여주세요. 아이가 채소의 맛에 익숙해지면 거부하지 않으니, 자주
조금씩 편식하는 재료의 맛을 경험하게 해주세요.

**유아식
후기**

편식하는
아이를
위한
솔루션 밥상

애호박새우살국   **애호박**(15cm 길이) 1/6개 **알새우** 3마리 **소금** 1/2작은술 **다진 마늘** 1/2작은술 **다시마**
(사방 7cm 크기) 1장 **물** 2컵

1 냄비에 물을 붓고 다시
마를 넣어 끓어오르면 다
시마는 건져낸다.

2 새우는 1cm 크기로 썬
다. 애호박은 4등분한 뒤
0.7cm 크기로 잘게 썬다.

3 냄비에 ①의 다시마 국
물 2컵을 붓고 애호박과
새우살을 넣어 보글보글
끓으면 소금으로 간한다.

시금치달걀말이   **시금치** 5줄기 **달걀** 1개 **포도씨유** 1큰술 **소금** 약간

1 시금치는 깨끗이 손질
해 끓는 물에 숨이 죽을
정도로만 살짝 데쳐 찬물
에 헹궈 2cm 길이로 잘
게 썬다.

2 볼에 달걀을 깨 넣고 알
끈을 제거한 뒤 소금을 넣
고 고루 푼다.

3 프라이팬을 달궈 포도
씨유를 두르고 달걀물을
부어 넓게 편 뒤 시금치를
올리고 돌돌 만다.

달걀물을 조금
남겨두었다가 시금치를
모두 만 후 마지막에 붓고
그 위에 한 번 더 굴리면
달걀말이가 풀리지 않는다.

황태콩나물국 + 부추감자전

유아식 후기
편식하는 아이를 위한 솔루션 밥상

채소를
뱉어내요

아이들은 채소를 싫어하는 경우가 많기 때문에 아이 반찬에 채소를 사용할 때는
최대한 잘게 썰어 넣는 것이 좋답니다. 채소의 크기가 크면
아이들이 씹기 힘들어하고, 그 질감을 싫어해 그냥 뱉어버리기 때문이지요.
채소를 곱게 갈아 전으로 부쳐주면 부드럽고 고소해서 아이들이 잘 먹는답니다.

황태콩나물국　　**황태** 1/2줌 **콩나물** 1/2줌 **무**(20cm 길이) 1/8개 **다진 마늘** 1/2작은술 **소금** 약간
　　　　　　　　　참기름 1/2작은술 **물** 2컵

 황태는 손질했어도 종종
가시가 박혀 있는 경우가
있답니다. 가시를 꼼꼼히
제거하고 사용하세요.

1 황태는 물에 불려 2cm
길이로 잘게 찢고, 무는
2cm 길이로 가늘게 채 썬
다. 콩나물은 깨끗이 손질
해 4cm 길이로 썬다.

2 냄비에 참기름을 두르
고 황태와 무, 다진 마늘
을 넣고 볶는다.

3 무에서 뽀얀 물이 나오
기 시작하면 물 2컵과 콩
나물을 넣고 끓이다 소금
으로 간을 맞춘 후 한소
끔 끓인다.

부추감자전　　**부추** 1/2줌 **감자** 1개 **양파** 1/4개 **밀가루** 1큰술 **소금** 약간 **포도씨유** 1큰술

1 부추는 깨끗이 손질해
2cm 길이로 썰고, 감자와
양파는 믹서에 곱게 간다.

2 볼에 ①을 담고 밀가루,
소금을 넣어 반죽한다.

3 프라이팬을 달궈 포도
씨유를 두르고 반죽을 한
입 크기로 떠 넣어 앞뒤로
노릇하게 지진다.

두부김칫국 + 채소튀김

유아식 후기
편식하는 아이를 위한 솔루션 밥상

채소를
뱉어내요

아이가 채소를 음식으로 여기지 않을 정도로 싫어한다면 아이들이 좋아하는 조리법으로
음식을 만들어주세요. 아이가 채소를 재미있고 맛있게 느낄 수 있습니다.
우선 아이가 편식하는 재료에 익숙해지도록 하는 것이 좋습니다. 아이들이 싫어하는 채소를 고소하게
튀기고, 단백질 섭취를 위해 두부를 넣어 국을 끓인 식단입니다.

두부김칫국　　**두부** 1/4모 **김치** 1줄기 **다진 마늘** 1/2작은술 **소금** 1/2작은술 **물** 2컵

1 김치는 소를 털어내고 사방 2cm 크기로 잘게 썬다. 두부는 1×1cm 크기로 깍둑 썬다.

2 냄비에 김치와 물을 넣고 끓기 시작하면 두부를 넣고 끓인다. 두부가 떠오르면 다진 마늘과 소금으로 간하고 한소끔 끓인다.

채소튀김　　**감자** 1/2개 **당근** 1/8개 **양파** 1/5개 **피망** 1/5개 **밀가루** 3큰술 **달걀** 1/2개 **포도씨유** 1/2컵

1 감자, 당근, 양파, 피망은 모두 3cm 길이로 가늘게 채 썬다.

2 볼에 달걀을 깨 넣고 알끈을 제거한 뒤 곱게 풀고 밀가루를 넣어 튀김옷을 만든다.

3 ①의 모든 재료를 섞어 밀가루를 살짝 묻힌 후 튀김옷을 입혀 170℃로 달군 기름에 노릇하게 튀긴다.

채소를 튀길 때는 물기를 제거하고 밀가루를 살짝 묻혀 수분을 완전히 제거한다.

게살부추달걀국 + 짜장소스연근볶음

유아식 후기
편식하는 아이를 위한 솔루션 밥상

채소를
뱉어내요

아이들이 좋아하는 짜장 소스를 이용한 반찬입니다. 짜장 소스의 색깔이 짙어 아이가
채소인 줄 모르고 맛있게 잘 먹는답니다. 또한 아이들이 좋아하는 달걀에 부추가 콕콕 숨어 있어
부추도 맛있게 먹을 수 있는 식단입니다.

유아식
후기

편식하는
아이를
위한
솔루션 밥상

게살부추달걀국

게살(6cm 길이) 1쪽 **부추** 3줄기 **달걀** 1개 **소금** 1/4작은술 **다시마 국물** 3컵

1 게살은 잘게 찢어 체에 담고 뜨거운 물을 부어 기름기를 제거한다. 부추는 2cm 길이로 썬다.

2 볼에 달걀을 깨 넣어 알끈을 제거한 뒤 곱게 풀고, ①을 넣어 섞는다.

3 냄비에 다시마 국물을 붓고 끓어오르면 ③을 돌려 붓는다. 다시 끓어오르면 소금으로 간한다.

짜장소스연근볶음

연근(15cm 길이) 1/4개 **당근**(15cm 길이) 1/5개 **양파** 1/4개 **애호박**(15cm 길이) 1/4개
포도씨유 1/2큰술 [짜장 소스] 짜장 분말 1/4큰술 물 2큰술

1 연근, 당근, 양파, 애호박은 깨끗이 손질하여 사방 0.5cm 크기로 깍둑 썬다.

2 짜장 분말에 물을 넣고 풀어 소스를 만들어둔다. 프라이팬을 달궈 포도씨유를 두르고 ①을 볶다가 반쯤 익으면 짜장소스를 넣어 잘 저으며 볶는다.

짜장 분말은 브랜드마다
염도가 다르므로 짜장
소스를 만들었다면 한 번에
넣지 말고 조금씩 넣어가며
간을 맞추는 것이 좋다.

오징어덮밥

유아식 후기
필요한 영양소가 골고루! 한 그릇 밥상

치아와 골격 형성에 좋은 청경채와 타우린이 가득한 오징어가 만나 아이 성장에
도움이 되는 유아식을 완성했습니다. 청경채는 강한 향이나 떫은 맛이 없어 아이가 거부감 없이
잘 먹으므로 다양한 요리에 활용해보세요.

재료 오징어 몸통 1/2마리 **청경채** 1줄기 **당근** 1/8개 **녹말물** 1큰술(녹말:물=1: 2) **포도씨유** 1작은술
[소스] 간장·굴소스 1/2큰술씩 **올리고당** 1큰술 **물** 1/2컵

1 오징어는 굵은소금으
로 껍질을 벗기고 깨끗
이 씻어 3×0.5cm 크기
로 썬다.

2 청경채는 2cm 길이로
썰고, 당근은 0.3cm 크기
로 가늘게 채 썬다.

3 프라이팬을 달궈 기름
을 두르고 ①과 ②를 넣어
센 불에서 볶다가 소스 재
료를 넣고 녹말물을 넣어
농도를 맞춘다.

4 그릇에 밥을 담고 ③을
붓는다.

당근
비타민 A, 식이섬
유, 칼륨

오징어
단백질, 인, 칼륨

청경채
비타민 A·C

유아식
후기

필요한
영양소가
골고루!
한 그릇 밥상

해물짜장밥

유아식 후기
필요한 영양소가 골고루! 한 그릇 밥상

단백질이 풍부한 다양한 해물과 양파, 애호박 등 채소를 넣어 짜장 소스를
끓여내면 아이 입맛에 딱 맞는 짜장밥이 됩니다.
평소 채소를 쏙쏙 골라내던 아이에게 쉽게 채소를 먹일 수 있는 솔루션 유아식입니다.

PART
04

MONTHS
24~36

유아식
후기

필요한
영양소가
골고루!
한 그릇 밥상

재료 **바지락살** 1/3컵 **관자** 1개 **주꾸미** 1마리 **양파·애호박** 1/5개씩 **당근** 1/8개 **포도씨유** 1작은술
　　[짜장 소스] **짜장 분말** 2큰술 **물** 1/2컵

애호박
티아민, 비타민 A, 인

관자
단백질, 칼슘, 인

양파
탄수화물,
비타민 C, 칼륨

바지락
인, 칼슘, 비타민 A

짜장 분말
탄수화물, 칼륨, 인

주꾸미
단백질, 인, 리보
플래빈

당근
비타민 A,
식이섬유, 칼륨

1 양파, 애호박, 당근은
사방 0.5cm 크기로 깍
둑 썬다.

2 바지락살, 관자, 주
꾸미는 먹기 좋은 크기
로 썬다.

3 볼에 짜장 분말을 담고
물을 넣어 덩어리지지 않
게 갠다.

4 프라이팬을 달궈 기름
을 두르고 ①과 ②를 넣어
센 불에서 볶다가 ③을 넣
어 졸인다.

5 그릇에 밥을 담고 ④를
붓는다.

뚝배기버섯불고기밥

유아식 후기

필요한 영양소가 골고루! 한 그릇 밥상

불고기 국물에 밥을 비벼주면 아이들은 대부분 맛있게 먹습니다.
불고기를 좋아하는 아이에게 아이 전용 뚝배기불고기밥을 만들어주세요.
식이섬유가 풍부한 버섯이 쇠고기의
콜레스테롤 흡수를 막아 환상의 궁합을 자랑하는 유아식입니다.

재료 **쇠고기**(불고깃감) 100g **느타리버섯** 5줄기 **팽이버섯**(작은 사이즈 1봉 기준) 1/5
봉 **양파** 1/5개 **다시마 국물**(다시마 3×4cm 크기 1장, 물 1/2컵) 1/2컵 **[양념장]** 간
장·올리고당·맛술 1큰술씩 **참기름** 1/2작은술

느타리버섯   쇠고기
식이섬유, 티아민,   단백질, 지방,
칼륨   리보플래빈

양파   팽이버섯
탄수화물, 비타민 C, 탄수화물, 칼륨, 인
칼륨

유아식
후기

필요한
영양소가
골고루!
한 그릇 밥상

1 팽이버섯은 3cm 길이
로 썰고, 느타리버섯은 가
늘게 찢고, 양파는 가늘게
채 썬다.

2 쇠고기는 양념장 재료
를 섞어 넣고 조물조물 무
쳐 30분 정도 재운다.

3 냄비에 다시마 국물을
부어 끓기 시작하면 ②를
넣고 끓여 어느 정도 익으
면 양파와 버섯을 넣고 마
저 익힌다.

4 그릇이나 뚝배기에 밥
을 담고 ③을 부은 뒤 한
번 데운다.

감자수제비국밥

유아식 후기

필요한 영양소가 골고루! 한 그릇 밥상

시금치즙과 당근즙이 밀가루에 부족한 비타민을 보충해주는,
영양 가득한 유아식입니다. 수제비가 알록달록해 아이의 호기심을 자극할 뿐 아니라 평소
아이가 싫어하는 시금치와 당근을 손쉽게 먹일 수 있습니다.

재료 감자 1/2개 **다시마 멸치 국물** 3컵 **부추** 1줄기 **소금** 1/2작은술 **간장** 1/2작은술
[반죽] 밀가루 1컵 **시금치즙·당근즙** 1/3컵씩 **소금** 1/2작은술

부추
칼륨, 칼슘, 비타민 C

감자
철분, 티아민, 인

밀가루
탄수화물, 티아민,
철분

유아식
후기

필요한
영양소가
골고루!
한 그릇 밥상

1 밀가루는 2등분해 각각
시금치즙과 당근즙을 조
금씩 부어가며 반죽한다.

2 감자는 채 썰고, 부추
는 송송 썬다.

3 냄비에 다시마 멸치 국물
과 감자를 넣고 끓기 시작
하면 ①의 반죽을 뚝뚝 떼
어 넣고 끓이다 다 익으면
간장과 소금으로 간하고 부
추를 넣는다.

4 그릇에 밥을 담고 ③을
붓는다.

달걀브로콜리스크램블드덮밥

유아식 후기

필요한 영양소가 골고루! 한 그릇 밥상

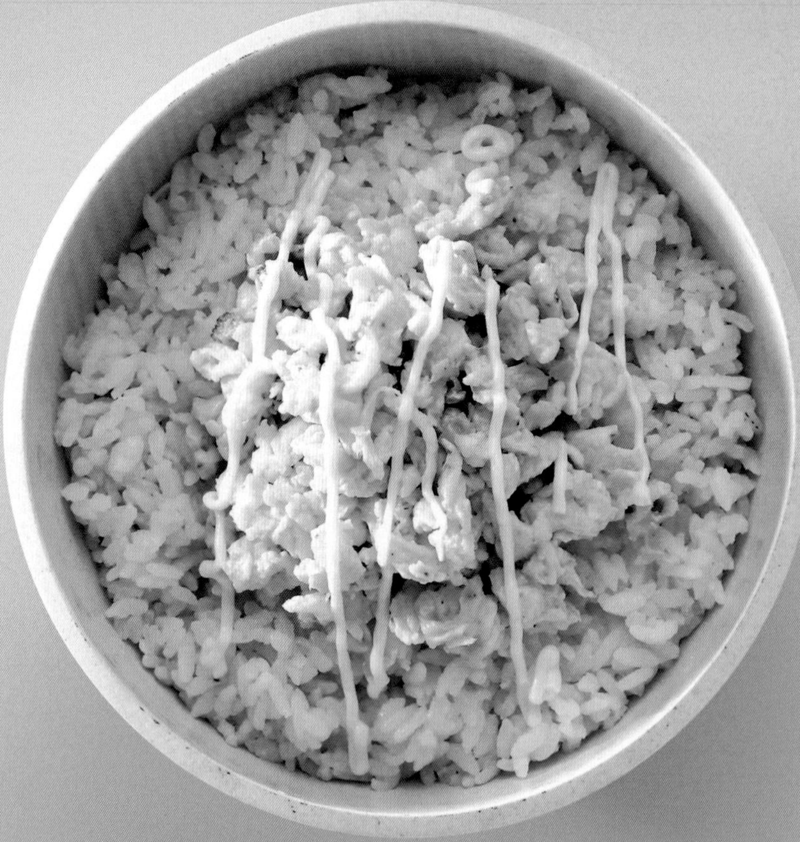

달걀프라이만 덩그러니 올린 덮밥은 이제 그만!
영양 덩어리 브로콜리를 송송 썰어 넣고 달걀 스크램블드를 만들어 밥 위에 올려주면
영양과 맛이 두 배인 유아식이 완성됩니다.

재료 달걀 2개 **브로콜리** 1/8송이 **소금** 1/2작은술 **우유·포도씨유** 1큰술씩 **마요네즈** 1/2큰술

브로콜리
비타민 A·C, 인
....
달걀
단백질, 비타민 D,
리보플래빈
....
우유
칼륨, 칼슘, 인

**유아식
후기**

필요한
영양소가
골고루!
한 그릇 밥상

1 브로콜리는 잘게 다
진다.

2 볼에 달걀을 깨 넣어 알
끈을 제거한 뒤 곱게 풀
고 ①과 우유, 소금을 넣
어 섞는다.

3 프라이팬을 달궈 포도
씨유를 두르고 ②를 부은
뒤 젓가락으로 휘저어 스
크램블드한다.

4 그릇에 밥을 담고 ③을
올린 후 마요네즈를 약간
뿌린다.

김치치즈덮밥

유아식 후기
필요한 영양소가 골고루! 한 그릇 밥상

김치 맛에 거부감을 느끼는 아이에게 제격인 요리입니다.
김치에 치즈를 넣어 함께 요리하면 아이가 좋아하는 고소한 맛이 배가될 뿐 아니라
칼슘, 미네랄, 비타민, 단백질 등
우리 몸에 필요한 영양소를 고루 갖춘 유아식이 완성됩니다.

재료 배추김치 2줄기 **다진 돼지고기** 2큰술 **양파·파프리카** 1/4개씩 **모차렐라 치즈** 1/2컵
다시마 국물(다시마 3×4cm 크기 1장, 물 1/2컵) 1/3컵 **간장·맛술** 1작은술씩

김치
식이섬유, 칼륨, 인

파프리카
식이섬유, 비타민 C,
철분

양파
탄수화물, 비타민 C,
칼륨

모차렐라 치즈
단백질, 칼슘, 인

돼지고기
칼륨, 인, 단백질

1 배추김치는 소를 털
어내고 물에 헹궈 사방
0.5cm 크기로 썰고, 양파
와 파프리카도 같은 크기
로 썬다.

2 다진 돼지고기는 맛술
을 넣고 조물조물 무쳐 잡
내를 제거한다.

3 프라이팬을 달궈 포도
씨유를 두르고 ②와 ①
을 넣어 볶다가 다시마 국
물, 간장을 넣고 자작하
게 끓인다.

4 ③에 모차렐라 치즈를
올려 치즈가 녹으면 불
을 끈다.

5 그릇에 밥을 담고 ④를
올린다.

간장우동볶음

유아식 후기
필요한 영양소가 골고루! 한 그릇 밥상

아이가 좋아하는 시판 우동면에 싱싱한 채소와 오징어를 잘게 썰어 넣어주세요.
밀가루에 부족한 비타민과 무기질,
단백질을 보충할 수 있어 영양가 높은 우동 한 그릇이 됩니다.

재료 **시판 우동면** 1봉 **청경채** 1/2줄기 **당근** 1/8개 **오징어 몸통** 1/2마리
[소스] **간장** 1큰술 **맛술** 1/2큰술 **참기름** 1/2작은술

청경채   우동면
비타민 A,   탄수화물,
식이섬유, 칼륨   나이아신, 철분

당근   오징어
비타민 A, 철분, 칼슘   단백질, 인, 칼륨

유아식
후기

필요한
영양소가
골고루!
한 그릇 밥상

1 오징어는 껍질을 벗기
고 손질해 3cm 길이로 가
늘게 썰고 청경채는 사방
2cm 크기로 썬다. 당근은
3cm 길이로 채 썬다.

2 끓는 물에 우동면을 넣
고 80% 정도 익으면 찬물
에 헹궈 체에 밭친다.

3 프라이팬에 소스 재료
를 넣고 끓기 시작하면 ①
과 ②를 넣고 오징어가 익
을 때까지 볶는다.

오미자비빔국수

유아식 후기
필요한 영양소가 골고루! 한 그릇 밥상

오미자는 심장을 튼튼하게 해주고 면역력을 높여줍니다.
가늘게 채 썬 채소와 쫄깃한 소면에 오미자 소스를 넣고 비벼주면 새콤달콤해서 평소 채소를
잘 먹지 않던 아이도 후루룩 잘 먹을 거예요.
입맛을 잃어버리기 쉬운 여름철에 특히 좋은 유아식입니다.

유아식
후기

필요한
영양소가
골고루!
한 그릇 밥상

재료 소면 1/2줌 양배춧잎 1장 오이 1/4개 당근 1/8개 밤 2알
[비빔 소스] 간장·오미자 1큰술씩 물엿 1/2큰술 물 3큰술 참기름 1작은술
깨소금 약간

양배추
칼슘, 칼륨, 비타민 C
오미자
식이섬유, 칼륨, 인
소면
탄수화물, 티아민,
나이아신

밤
식이섬유, 티아민,
철분
당근
비타민 A, 철분, 칼슘
오이
티아민, 칼륨,
비타민 C

1 볼에 소스 재료인 오미
자를 담고 물 3큰술을 부
어 1시간 이상 우린다.

2 양배추, 오이, 당근, 밤
은 가늘게 채 썬다.

3 ①의 오미자는 건져내
고 우린 물에 나머지 소스
재료를 모두 섞어 비빔 소
스를 만든다.

4 끓는 물에 소면을 삶아
찬물에 헹궈 체에 밭친다.

5 그릇에 소면을 담고
②와 ③을 넣어 고루 섞
는다.

아침감자

유아식 후기
초간단 아침식사

감자는 아이들이 좋아하는
식재료 중 하나입니다.
칼륨이 듬뿍 들어 있어 나트륨을
배출해주는 감자로
후다닥 아침식사를 만들어주세요.
감자는 잘 익지 않으므로 전날 미리
삶아두면 쉽게 요리할 수 있습니다.

재료 **감자** 2개 **베이컨** 1줄 **소금** 약간

1 베이컨은 뜨거운 물에 살짝 데친 후
마른 팬에 바삭하게 굽는다.

2 감자는 삶아서 한입 크기로 썬다.

3 베이컨 기름이 남아 있는 프라이팬
에 감자를 넣고 노릇해질 때까지 구
워 소금으로 간한다.

달걀굴림밥

유아식 후기

초간단 아침식사

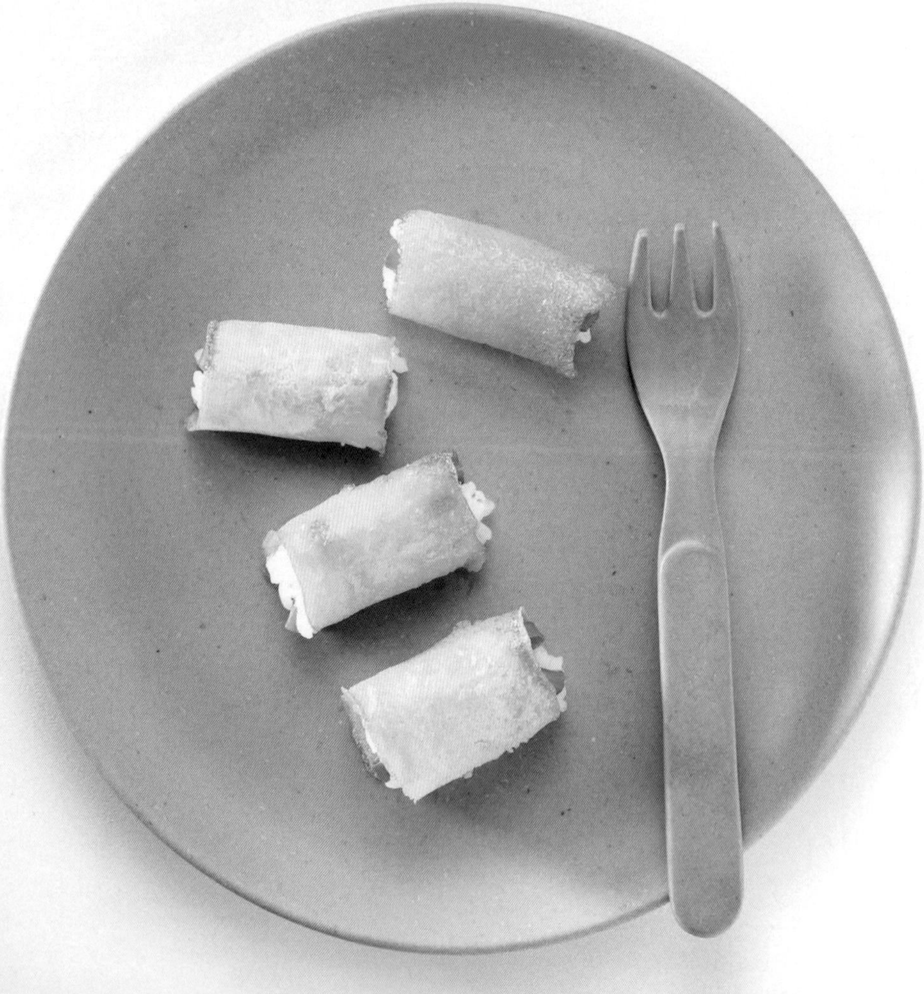

달걀 요리는 정말 다양합니다.
아이가 달걀프라이나
스크램블드에 싫증을 낸다면
달걀굴림밥을 만들어주세요.
노란 밥이 귀엽고
앙증맞아서 아이가
재미있어하며 집어먹을 거예요.

재료 **밥** 1/2공기 **달걀** 1개 **송송 썬 쪽파** 1/2작은술 **포도씨유·소금** 약간씩

1 프라이팬을 달궈 기름을 살짝 두르고 밥을 넣어 볶다가 소금, 송송 썬 쪽파를 넣어 볶는다.

2 볼에 달걀을 깨 넣고 소금을 넣어 잘 푼다.

3 프라이팬을 달궈 기름을 두르고 달걀물을 한 숟가락씩 떠 넣어 길게 펴서 굽는다.

4 ③의 달걀이 마르기 전에 ①의 밥을 한 숟가락씩 올려 돌돌 만다.

꽃빵샌드위치

유아식 후기
초간단 아침식사

돌돌 말린 꽃빵은
응용할 수 있는 요리가 많아요.
꽃빵을 펴서 아이가 먹기 좋은 크기로
자르고 볶음 쇠고기를 넣어 돌돌 말아주면
아이들이 좋아하죠.
손으로 집어먹기 좋고,
한두 개만 먹어도
든든한 아침식사가 된답니다.

재료 **꽃빵** 3개 **잡채용 쇠고기** 200g **간장** 1+1/2큰술 **조청** 1큰술 **참기름·소금** 1/2작은술씩

1 볼에 잡채용 쇠고기를 넣고 간장, 조청, 참기름을 넣어 양념이 배도록 골고루 버무린다.

2 팬을 달궈 ①을 볶는다.

3 김이 오른 찜기에 꽃빵을 찐다.

4 꽃빵을 길게 펼쳐 6cm 길이로 자른 뒤 ②를 가지런히 올려 돌돌 만다.

조랭이떡국

유아식 후기
초간단 아침식사

떡과 국물을 좋아하는
아이들에게 안성맞춤인
아침식사입니다.
면역력을 높여주는 다시마로
국물을 내 요리에 활용하면
쉽고 간편하게 건강식을
만들어줄 수 있습니다.

재료 조랭이떡 1/2컵 **달걀** 1개 **다시마**(5×5cm 크기) 1장 **소금** 1/2작은술 **물** 2컵

1 냄비에 물과 다시마를 넣고 끓으면
다시마는 건져낸다.

2 달걀은 곱게 풀어놓는다.

3 ①이 끓어오르면 조랭이떡을 넣고
익을 때까지 끓인다.

4 떡이 익으면 달걀물을 돌려 붓고
국물이 끓기 시작하면 불을 끄고 그
릇에 담는다.

생후 36~60개월, 유아식 완료기

외식이 잦아져 패스트푸드나 군것질거리에 노출되기 쉬운 시기입니다. 또래 집단에서 보내는 시간이 많아지면서 달콤한 간식의 유혹에도 쉽게 넘어가죠. 식습관이 완전하게 형성되고 고 착되는 시기이므로 아이의 올바른 식습관과 고른 영양 섭취를 위해 엄마가 더욱 신경 쓰는 것이 좋습니다. 무조건 못 먹게 하는 것보다 건강한 엄마표 패스트푸드를 만들어주고, 천연 재료로 단맛을 내 아이의 미각을 만족시켜주세요. 아이는 바깥에서 먹는 어떤 음식보다 엄 마가 해주는 밥상이 최고라고 손가락을 치켜세울 거예요.

설탕 대신 천연 재료를 활용해 단맛을 내세요

아이가 단맛을 좋아한다고 해서 음식에 설탕을 넣는 것은 좋지 않습니다. 익으면 단맛이 나는 양배추나 양파 등 천연 재료를 활용하고, 설탕 대신 올리고당이나 물엿, 꿀을 넣으면 훨씬 건강한 요리를 만들 수 있습니다.

자극적인 패스트푸드는 편식의 원인이 됩니다

패스트푸드는 열량과 지방, 당분, 나트륨 함량이 높고, 보존제나 식품첨가물을 많이 사용합니다. 몸에 유해한 산 화된 기름이나 포화지방산도 함유하고 있습니다. 몸에 좋지 않은 성분도 문제이지만 아이의 식습관을 망칠 수 있 다는 것이 더 큰 문제입니다. 짜고, 달고, 기름지고, 자극적인 맛의 패스트푸드는 아이의 입맛을 바꿔 편식의 원인 이 되기 때문이죠. 가능한 한 패스트푸드는 멀리하고, 집에서 엄마가 밥상을 차려주는 것이 아이의 올바른 식습 관을 들이는 데 최선의 방법이라는 것을 명심하세요.

숙주탕 + 쇠고기간장볶음 + 채소달걀스크램블드

유아식 완료기
편식하는 아이를 위한 솔루션 밥상

반찬을
한 가지만
먹어요

두 가지 식재료를 같은 조리법으로 만들어 반찬의 모양을 비슷하게 만들어주는 것도 좋은 방법입니다.
단백질이 풍부한 달걀과 쇠고기, 식이섬유와 비타민 A가 풍부한 숙주가 어우러져 균형 잡힌 영양소를 섭취할 수 있습니다.

유아식
완료기

편식하는
아이를
위한
솔루션 밥상

숙주탕

숙주 1/2줌 **쇠고기**(양지) 1/3컵 **팽이버섯** 1/5개 **국간장** 1/2작은술 **소금** 약간 **물** 2컵

1 쇠고기는 4cm 길이로 썰고, 숙주와 팽이버섯은 깨끗이 손질해 3cm 길이로 썬다.

2 냄비에 쇠고기를 넣고 불에 올려 볶는다.

3 쇠고기의 핏기가 가시면 채소와 양념을 넣고 물을 부어 보글보글 끓인다.

쇠고기간장볶음

다진 쇠고기(우둔살) 1/3컵 **부추** 3줄기 **간장** 1/2작은술 **맛술** 1/2작은술

1 부추는 깨끗이 손질해 송송 썬다.

2 마른 팬에 다진 쇠고기를 넣고 볶다가 익기 시작하면 양념을 넣어 볶는다.

3 다 익으면 불을 끄고 부추를 넣어 잔열로 마저 볶는다.

다진 쇠고기는 가열하기 전에 프라이팬에 넣고 불에 올려 볶아야 서로 엉겨 붙지 않고 보슬보슬 볶아진다.

채소달걀스크램블드

달걀 1개 **브로콜리** 1/8개 **당근** 1/8개 **양파** 1/6개 **우유** 1/2큰술 **소금** 약간 **포도씨유** 1/2큰술

1 브로콜리, 양파, 당근은 깨끗이 손질해 잘게 다진다.

2 볼에 달걀을 깨 넣고 알끈을 제거한 뒤 고루 풀고 ①과 우유, 소금을 넣어 잘 섞는다.

3 프라이팬을 달궈 포도씨유를 두르고 키친타월로 한번 닦아낸 후 ②를 부어 익기 시작하면 젓가락으로 휘저어 스크램블드한다.

김치짜장볶음 + 달걀국

유아식 완료기
편식하는 아이를 위한 솔루션 밥상

김치랑 된장은
입에도
안 대요

아이들 편식은 색깔을 구별하는 데서 시작됩니다. 음식의 색깔을 기억해두고
그 색깔 음식은 입에 대지 않는 것이지요. 아이가 좋아하는 색깔의 음식에
다른 음식을 숨겨서 요리해주면 좋습니다. 김치를 먹지 않는다면 짜장 소스에 숨겨 볶아주세요.
단백질이 풍부한 담백한 달걀국과 잘 어울리는 반찬입니다.

유아식
완료기

편식하는
아이를
위한
솔루션 밥상

김치짜장볶음   **배추김치** 2줄기 **양파** 1/6개 **감자** 1/5개 **브로콜리**1/8송이 **포도씨유** 1/2큰술
[짜장 양념] 짜장 가루 1큰술 **물** 3큰술

1 김치는 소를 털어내고, 양파, 감자, 브로콜리는 깨끗이 손질해 2×2cm 크기로 썬다.

2 프라이팬을 달궈 기름을 두르고 ①을 볶다가 짜장 양념을 잘 풀어 넣어 볶는다.

달걀국   **달걀** 1/2개 **다진 파** 1/4작은술 **소금** 1/4작은술 **다시마 국물** 2컵

1 볼에 달걀을 깨 넣고 알 끈을 제거한 뒤 잘 풀고 다진 파를 넣어 섞는다.

2 냄비에 다시마 국물을 붓고 끓어오르면 ①을 돌려가며 붓는다. 다시 끓어오르면 소금으로 간한다.

된장잡채 + 콩나물국

김치랑 된장은
입에도
안 대요

된장으로 어떻게 잡채를 만드냐고요?
된장에 마요네즈와 올리고당, 고소한 참기름을 넣고 섞으면 짜지 않고 고소한
된장잡채가 완성됩니다. 된장의 향과 맛이 강하지 않기 때문에 된장을 싫어하는 아이도
맛있게 먹을 수 있습니다.

된장잡채

당면 1/2줌 **당근**(15cm 길이) 1/8개 **양파** 1/6개 **시금치** 5줄기
[양념] 된장 1큰술 **올리고당** 1큰술 **마요네즈** 1/2큰술 **참기름** 1/2큰술

1 당면은 물에 불려 끓는 물에 삶아 찬물에 헹궈 4cm 길이로 썬다.

2 당근, 양파는 4cm 길이로 채 썰어 프라이팬에 기름을 두르고 각각 볶는다. 시금치는 끓는 물에 데쳐 찬물에 헹궈 4cm 길이로 썬다.

3 볼에 당면, 당근, 양파, 시금치를 넣어 섞고 분량의 양념을 넣어 버무린다.

콩나물국

콩나물 1줌 **다진 마늘** 1/4작은술 **소금** 1/4작은술 **국물용 멸치** 4마리 **물** 3컵

1 콩나물은 깨끗이 손질해 4cm 길이로 썬다.

2 냄비에 멸치를 넣고 물을 부어 끓어오르면 멸치는 건져내고 콩나물을 넣는다. 콩나물이 익으면 다진 마늘과 소금을 넣고 한소끔 끓인다.

콩나물은 끓이는 중간에 뚜껑을 열면 비린내가 나므로 다 익을 때까지 뚜껑을 열지 않는다.

유부바지락된장볶음 + 순두붓국

유아식 완료기
편식하는 아이를 위한 솔루션 밥상

김치랑 된장은
입에도
안 대요

된장은 국이나 찌개뿐 아니라 맛있는 소스로도 변신할 수 있답니다.
쫄깃하고 철분이 많이 들어 있는 바지락과 단백질이 풍부한 유부를 특제 된장 소스에 볶고, 단백질이
풍부한 순두부로 국을 끓여 구성한 식단입니다.
된장을 다양하게 활용해 아이 밥상에 올리면 아이도 된장의 구수한 맛에 반할 거예요.

유부바지락된장볶음　　**유부** 2장　**바지락** 1/2컵　**다진 마늘** 1/2작은술　**물** 1/2컵
　　　　　　　　　　　[조림장] 된장 1/2큰술　**맛술** 1/2큰술　**간장** 1큰술　**설탕** 1큰술

유부는 조림장을 쉽게
빨아들이기 때문에 요리가
완성되기 직전에 넣어
버무리듯 재빨리 조린다.

1 유부는 뜨거운 물을 부어 기름기를 빼고 길게 썬다. 바지락은 소금물에 담가 해감한 후 끓는 물에 데쳐 건져 살만 발라내고 국물은 따로 둔다.

2 팬에 ①의 조개 국물을 붓고 조림장 양념을 넣어 끓어오르면 다진 마늘과 바지락살을 넣는다. 국물이 거의 졸면 유부를 넣어 센 불에서 10초 정도 조린다.

순두붓국　　**순두부** 1/4모　**국간장** 1/2큰술　**다진 마늘** 1/4작은술　**다진 파** 1/8대　**국물용 멸치** 2마리
　　　　　　물 3컵

1 냄비에 국물용 멸치를 넣고 물을 부어 끓이다 체에 밭쳐 국물만 밭는다.

2 ①에 순두부와 국간장, 다진 마늘, 다진 파를 넣고 10분 정도 끓인다.

양송이수프 + 콜슬로 + 치킨케사디아

유아식 완료기
자극적인 맛에 길들지 않는 건강 밥상

인스턴트
음식은
No!

외식이나 인스턴트 음식에서 흔히 접하는 메뉴로 구성한 식단입니다. 외식이나 인스턴트 음식에 입맛이 길든 아이는 메뉴가 갑자기 바뀌면 밥 먹기를 거부할 수 있습니다. 엄마가 집에서 외식 메뉴를 만들어 아이의 입맛을 사로잡아주세요.

**유아식
완료기**

자극적인
맛에 길들지
않는
건강 밥상

양송이수프

양송이 4개 **양파** 1/5개 **감자** 1/4개 **버터** 1/4큰술 **생크림** 1/4컵 **물** 2컵 **소금** 1/4작은술 **밀가루** 1/2큰술

1 소스 팬에 밀가루와 버터를 넣고 볶아 루를 만든다.

2 양송이와 양파는 다지고 감자는 믹서에 간다.

3 ①에 ②를 넣어 볶다가 나머지 재료를 모두 넣고 끓인다.

콜슬로

양배추 1장 **빨강·노랑 파프리카** 1/4개씩 **캔옥수수** 1큰술 **완두콩** 1큰술
[소스] 마요네즈 1/2큰술 **올리브유** 1/2큰술 **식초** 1/4큰술 **소금** 1/4큰술 **설탕** 1/4큰술

1 양배추, 파프리카는 사방 2cm 크기로 썰고 완두콩은 끓는 물에 데친다.

2 볼에 소스 재료를 넣고 설탕이 녹고 올리브유가 겉돌지 않을 때까지 섞는다.

3 다른 볼에 ①의 재료를 담고 ②의 소스를 넣어 버무린다.

양배추는 두꺼운 심이 있어 아이가 먹기 힘들다. 유아식에 넣을 때는 얇게 저며 사용한다.

치킨케사디아

삶은 닭가슴살 1/2쪽 **빨강·노랑 파프리카** 1/4개씩 **양배추** 2장 **토르티아** 2장 **체다 치즈** 2장 **토마토 소스** 1큰술

1 삶은 닭가슴살은 결대로 잘게 찢고 파프리카와 양배추는 사방 3cm 크기로 썬다.

2 토르티아에 토마토 소스를 골고루 바르고 ①과 체다 치즈를 올린 뒤 반으로 접는다.

3 마른 프라이팬에 ②를 넣고 중간 불에서 치즈가 녹을 때까지 구워 자른다.

김치볶음 + 감자샐러드 + 핑거치킨

유아식 완료기
자극적인 맛에 길들지 않는 건강 밥상

아이들이 좋아하는 치킨을 메인으로 한 식단입니다. 첨가물이 들어간 시판 치킨 소스를 쓰지 않고, 김치로
간을 맞추고 감자샐러드의 칼륨이 김치의 염분을 잡아주는 찰떡궁합 식단입니다.

**유아식
완료기**

자극적인
맛에 길들지
않는
건강 밥상

김치볶음　　　　　　　**김치** 2줄기　**설탕** 1/2큰술　**맛술** 1/2큰술　**참기름** 1/2작은술　**깨소금** 약간

1 김치는 소를 털어내고 흐르　　**2** 프라이팬을 달궈 참기름을
는 물에 헹궈 사방 0.5cm 크　　두르고 ①과 설탕, 맛술을 넣
기로 썬다.　　　　　　　　　　고 볶다가 깨소금을 뿌린다.

감자샐러드　　　　**감자** 1개　**캔옥수수** 2큰술　**브로콜리** 1/8송이　**삶은 달걀** 1개　**양파** 1/6개　**[소스] 마요네즈** 2큰술　**우유** 1큰술　**소금** 1/2작은술

1 감자는 쪄서 으깨고 브로콜　　**2** 볼에 감자와 나머지 재료
리는 데쳐 다진다. 양파는 다　　를 모두 넣고, 분량의 소스 재
져 찬물에 헹군다. 달걀흰자　　료를 넣어 버무린다.
는 다지고, 노른자는 으깬다.

핑거치킨　　　　　**닭안심** 2쪽　**맛술** 1큰술　**소금** 1/4작은술　**후춧가루** 약간　**포도씨유** 1/2컵　**[튀김옷] 빵가루** 3큰술　**달걀** 1개　**밀가루** 1/2큰술

1 닭안심은 길쭉하게 썰어　　**2** 볼에 달걀을 깨 넣고 알끈　　**3** ①에 밀가루, 달걀물, 빵가루
맛술, 소금, 후춧가루로 밑　　을 제거한 뒤 풀어 달걀물을　　순으로 튀김옷을 입혀 170℃로
간한다.　　　　　　　　　　만든다.　　　　　　　　　　달군 기름에서 튀긴다.

165

고추장소스립 + 통감자구이

유아식 완료기

편식하는 아이를 위한 솔루션 밥상

인스턴트
음식은
No!

아이들은 외식을 좋아합니다. 외식할 때 먹었던 소스를
이용해 아이 식단을 구성해주면 외식에 길든
입맛도 바로잡을 수 있답니다. 외식할 때 자주 먹는 립에 고추장 소스를 발라 구워주세요.

고추장소스립

등갈비 3대 **대파**(5cm 길이) 1대 **통마늘** 2쪽 **물** 2컵 [고추장 소스] **고추장** 1/4큰술 **간장**
1/4큰술 **설탕** 1/4큰술 **토마토케첩** 1/2큰술 **식초** 1/2작은술 **물** 1/4컵 **올리고당** 1/2큰술

1 등갈비는 찬물에 담가
핏물을 뺀 후 냄비에 담고
물, 대파, 통마늘을 넣어
20분간 삶아 건진다.

2 볼에 분량의 재료를 섞
어 소스를 만든 뒤 절반을
①의 등갈비에 고루 묻혀
30분간 재운다.

3 베이킹 팬에 ②를 올리
고 160℃로 예열한 오븐
에서 남은 소스를 덧발라
가며 1시간 정도 굽는다.

등갈비는 찬물에 담가
핏물을 충분히 빼고
한번 삶아 익힌 후 구워야
먹을 때 뼈와 살이 잘
분리된다.

통감자구이

감자 1개 **버터** 1큰술 **꿀** 1큰술

1 감자는 껍질째 깨끗이 씻
어 김이 오른 찜통에 넣고
10분간 찌고, 볼에 버터와
꿀을 넣어 섞는다.

2 찐 감자를 십자 모양으
로 칼집을 내고 170℃로
예열한 오븐에서 약 20
분간 구운 뒤 칼집에 ①
을 넣는다.

오징어튀김 + 매콤토마토소스 + 고구마매시

유아식 완료기
자극적인 맛에 길들지 않는 건강 밥상

오징어는 단백질과 칼륨이 풍부한 반면 비타민은 부족합니다. 비타민이 풍부한 토마토로 소스를 만들어 곁들이고 식이섬유가 풍부한 고구마로 부드러운 매시를 만들었습니다. 영양소를 고루 갖춘 홈메이드 외식 식단입니다.

오징어튀김

오징어(몸통 부분) 1/2마리 **달걀** 1개 **밀가루** 2큰술 **포도씨유** 2/3컵 [튀김옷] **밀가루** 3큰술 **전분** 2큰술 **소금** 1/8작은술 **후춧가루** 약간

1 오징어는 껍질을 벗기고 2×1cm 크기로 썬다.

2 분량의 재료를 섞어 튀김옷을 만든다.

3 ①에 밀가루를 살짝 묻힌 후 튀김옷을 입혀 170℃로 달군 기름에서 노릇하게 튀긴다.

매콤토마토소스

토마토 페이스트 1/2컵 **양파** 1/4개 **다진 마늘** 1/2작은술 **고춧가루** 1/4작은술 **올리브유** 1큰술

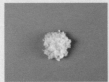

1 양파는 잘게 다진다.

2 소스팬에 올리브유를 두르고 ①과 다진 마늘, 고춧가루를 넣고 볶다가 양파가 익기 시작하면 토마토 페이스트를 넣고 뚜껑을 덮어 약한 불에서 5분간 끓인다.

고춧가루는 한꺼번에 넣지 말고 매운맛을 봐가며 조금씩 넣는다.

고구마매시

고구마 1개 **우유** 1/3컵 **올리고당** 1큰술 **소금** 1/4작은술

1 고구마는 찜기에 쪄서 껍질을 벗기고 뜨거울 때 으깬다.

2 ①에 우유와 올리고당, 소금을 넣고 잘 섞는다.

데리야키연어덮밥

유아식 완료기

필요한 영양소가 골고루! 한 그릇 밥상

연어는 비타민 B가 풍부해 성장 촉진제 역할을 하고, 비타민 D도 다량 함유해
칼슘 흡수를 도와줍니다. 쉬지 않고 움직이는 아이의 훌륭한 에너지원이 되어줄 연어에 달콤한
데리야키 소스를 더해 한 그릇 유아식을 만들어주세요.

유아식
완료기

필요한
영양소가
골고루!
한 그릇 밥상

재료 **연어** (사방 5cm 크기) 2토막 **양파** 1/4개 **빨강·노랑 파프리카** 1/6개씩 **시금치** 2뿌리
[양념] 데리야키 소스 4큰술 **물** 1/2컵

연어	시금치
단백질, 나이아신, 인	비타민 A, 엽산, 철분
파프리카	
식이섬유, 비타민 C, 철분	
양파	
탄수화물, 비타민 C, 칼륨	

1 연어는 가시를 제거하고 사방 1cm 크기로 깍둑 썬다.

2 양파, 파프리카, 시금치는 0.7cm 길이로 굵게 채 썬다.

3 프라이팬을 달궈 기름을 두르고 ①의 연어를 굽다가 반 정도 익으면 ②의 양파, 파프리카를 넣고 볶는다.

4 ③에 데리야키 소스와 물을 넣고 졸인다.

5 ④의 재료가 다 익으면 ②의 시금치를 넣고 센 불에서 버무리듯 볶아 그릇에 밥을 담고 위에 얹는다.

고추장삼겹살덮밥

유아식 완료기
필요한 영양소가 골고루! 한 그릇 밥상

아이가 특유의 누린내 때문에 삼겹살을 잘 먹지 않는다면 두꺼운 삼겹살보다
대패 삼겹살에 고추장 양념을 더해 요리해주는 것이 좋습니다.
아직 매콤한 맛에 익숙지 않으므로 고추장 소스의 양을 조절해가며 조리해주세요.

재료 대패 삼겹살 50g(약 1/3컵) **감자·양파** 1/4개씩 **양배춧잎** 1장 **팽이버섯**(작은 사이즈
1봉 기준) 1/5개 **[삼겹살 소스] 고추장** 1작은술 **마요네즈** 1/2큰술 **올리고당** 2작은술

양배추
비타민 C, 칼슘, 칼륨

대패 삼겹살
단백질, 지방, 티아민

팽이버섯
인, 철분, 비타민 C

감자
철분, 티아민, 인

양파
탄수화물, 비타민 C,
칼륨

유아식
완료기

필요한
영양소가
골고루!
한 그릇 밥상

1 볼에 소스 재료를 한데
섞은 뒤 삼겹살을 한입 크
기로 썰어 넣어 조물조물
버무린다.

2 감자, 양파, 양배추는
2cm 길이로 곱게 채 썰
고 팽이버섯은 2cm 길이
로 썬다.

3 프라이팬을 달궈 ①을
볶다가 ②를 넣고 모든 재
료가 익을 때까지 볶는다.

4 그릇에 밥을 담고 ③을
얹는다.

햄버그스테이크덮밥

필요한 영양소가 골고루! 한 그릇 밥상

아이의 외식 단골 메뉴인 햄버그스테이크를 집에서 만들어주세요.
고기와 채소를 다져서 만든 햄버그스테이크는 부드럽고 고소해 아이라면 누구나 좋아하죠. 채소를
싫어하는 아이에게 손쉽게 다양한 채소를 먹일 수 있는 아이디어 유아식이기도 합니다.

재료 **토마토·양파** 1/4개씩 **포도씨유** 1큰술 **[소스] 토마토케첩** 2큰술 **양파** 1/6개 **간장** 1작은술 **물** 3큰술 **[햄버그스테이크] 다진 쇠고기** 100g(약 1/2컵) **양파** 1/4개 **부추** 3줄기 **양송이** 1개 **감자** 1/8개 **소금** 1/2작은술 **다진 마늘** 1/8작은술

토마토
탄수화물, 칼륨,
비타민 C

양파
탄수화물, 비타민 C,
칼륨

감자
철분, 티아민, 인

양송이
칼륨, 인, 칼슘

쇠고기
단백질, 지방,
리보플래빈

부추
비타민 A·B·C

**유아식
완료기**

필요한
영양소가
골고루!
한 그릇 밥상

1 햄버그스테이크 재료는 모두 곱게 다져 볼에 담고 섞어 치댄다.

2 ①을 손바닥만 한 크기로 동글납작하게 빚어 프라이팬을 달궈 기름을 두르고 중약불에서 노릇하게 굽는다.

3 토마토는 끓는 물에 데쳐 껍질을 벗기고 과육 부분만 사방 0.5cm 크기로 깍둑 썰고, 양파는 가늘게 채 썰어 1cm 길이로 잘라 프라이팬을 달궈 기름을 약간 두르고 볶는다.

4 소스 재료인 양파는 강판에 곱게 간다.

5 ②를 구운 프라이팬에 소스 재료를 모두 넣고 볶아 소스를 만든다.

6 그릇에 밥을 담고 ②와 ③을 올린 뒤 ⑤를 얹는다.

콩나물무밥

필요한 영양소가 골고루! 한 그릇 밥상

콩이라면 질색하는 아이에겐 콩 대신 콩나물을 먹여 영양을 보충해주세요.
콩나물은 소화가 잘되는 단백질로 구성돼 있고
비타민 C, 칼슘, 철분 등이 풍부하게 들어 있어 아이 성장에 좋은 식재료입니다.

재료 쌀 1/2컵 **콩나물** 1/2줌(약 1컵) **무** 1/8토막 **쌀** 1/2컵 **부추** 2줄기 **물** 1/2컵
[양념장] 간장 1큰술 **참기름** 1작은술 **레몬즙** 1/4작은술 **깨소금** 약간

무
비타민 C, 칼륨,
식이섬유

콩나물
티아민, 인, 식이섬유

유아식
완료기

필요한
영양소가
골고루!
한 그릇 밥상

1 쌀은 깨끗이 씻어 물에
불린다.

2 콩나물은 꼬리를 손질
해 4cm 길이로 썰고, 무
는 4cm 길이로 채 썬다.
부추는 송송 썬다.

3 냄비에 ①과 ②를 담고
물을 부어 밥을 짓는다.

4 볼에 양념장 재료를 모두
섞어 ③에 곁들여 낸다.

흰살생선카레덮밥

유아식 완료기

필요한 영양소가 골고루! 한 그릇 밥상

기름에 부친 흰살 생선의 고소한 맛이 카레와 잘 어우러지는 유아식입니다.
카레의 향과 탱글탱글한 흰살 생선전의 궁합을 아이가 빈 그릇으로 확인시켜줄 거예요. 아이가
생선을 싫어한다면 생선이 보이지 않도록 카레 속에 숨겨주세요.

유아식
완료기

필요한
영양소가
골고루!
한 그릇 밥상

재료 **흰살 생선**(사방 7cm 크기) 2조각 **카레 가루** 1작은술 **우유** 1컵 **당근** 1/8개 **감자 ·**
양파 1/5개씩 **[튀김옷] 달걀** 1개 **튀김가루 · 밀가루** 1큰술씩

양파	달걀
탄수화물, 비타민 C, 칼륨	단백질, 비타민 D, 리보플래빈
당근	우유
비타민 A, 식이섬유, 칼륨	단백질, 칼슘, 리보플래빈
감자	카레 가루
철분, 티아민, 인	칼륨, 칼슘, 인
흰살 생선	
단백질, 인, 나이아신	

1 흰살 생선은 가시를 제
거하고 4cm 크기로 썰어
밀가루, 달걀물, 튀김가
루 순으로 튀김옷을 입혀
170℃로 달군 기름에서
두 번 튀긴다.

2 당근, 감자, 양파는 사
방 1cm 크기로 깍둑 썬다.

3 냄비에 우유를 붓고 카
레 가루를 섞은 후 ②를
넣고 재료가 모두 익을 때
까지 끓인다.

4 그릇에 밥을 담고 ①을
올린 뒤 ③을 얹는다.

베트남쌀국수

필요한 영양소가 골고루! 한 그릇 밥상

면 요리에 빠져 면만 찾는 아이에게 집에서 끓인 국물에 쌀국수를 만들어주세요.
아이는 향이 나는 채소는 뱉어버리기 때문에
채소를 곁들인다면 살짝 데쳐 향을 빼고 넣어줍니다.

재료 **쌀국수** 1/2줌 **샤브샤브용 쇠고기** 30g(약 1/3컵) **양파** 1/6개 **숙주** 1/2줌 **부추** 2줄기 **[육수] 양지머리**
200g(약 1 1/2컵) **양파** 1개 **피시 소스** 1작은술 **소금·후추** 약간씩 **물** 6컵

숙주	부추
비타민 A, 칼륨, 인	비타민 A·B, 인
쇠고기	쌀국수
단백질, 지방, 리보플래빈	칼륨, 탄수화물, 비타민 A
양파	
탄수화물, 비타민 C, 칼륨	

1 냄비에 분량의 물을 붓고 양지머리와 양파를 넣어 중약불에서 1시간 이상 끓여 육수를 만든다.

2 쌀국수는 찬물에 1시간 가량 불려 끓는 물에 살짝 데친다.

3 ①의 국물을 체에 밭쳐 냄비에 붓고 피시 소스, 소금, 후추로 간한다.

4 양파는 가늘게 채 썰고 숙주는 3cm 길이로 썬다. 부추는 송송 썬다.

5 샤브샤브용 쇠고기는 끓는 물에 데쳐 먹기 좋게 썬다.

6 ③을 약한 불로 끓여 양파, 숙주를 살짝 데친다.

7 그릇에 쌀국수를 담고 ⑤와 ⑥을 올린 다음 육수를 붓고 부추를 고명으로 얹는다.

유아식
완료기

필요한
영양소가
골고루!
한 그릇 밥상

육개장칼국수

필요한 영양소가 골고루! 한 그릇 밥상

아이가 한두 젓가락 먹어본 라면 맛에 빠져 자꾸 라면을 달라고 조른다면
육개장칼국수를 끓여주세요. 시원한 육개장 국물에
칼국수를 끓여주면 라면보다 훨씬 맛있다는 것을 알게 될 것입니다.

재료 무 1/8개 **쇠고기** 50g(약 1/3컵) **숙주** 1/2줌(약 1컵) **느타리버섯** 3줄기 **칼국수** 1/2줌 **참기름**
약간 **물** 3컵 [**양념**] **고춧가루** 1/2작은술 **다진 마늘** 1/8작은술 **간장** 1작은술

유아식
완료기

필요한
영양소가
골고루!
한 그릇 밥상

무
비타민 C, 칼륨,
식이섬유

느타리버섯
식이섬유, 티아민,
칼륨

쇠고기
단백질, 지방,
리보플래빈

칼국수
탄수화물, 철분, 단
백질

숙주
단백질, 비타민 C, 인

1 무는 사방 2cm 크기로
나박나박 썰고 느타리버
섯과 숙주는 3cm 길이
로 썬다.

2 냄비에 물을 붓고 쇠
고기를 삶은 뒤 고기는
3cm 길이로 잘라 잘게 찢
고 국물은 따로 둔다.

3 냄비를 달궈 참기름을
두르고 ①의 무를 볶다가
②의 국물을 붓는다.

4 ③이 보글보글 끓기 시
작하면 ②의 쇠고기, 느타
리버섯과 숙주, 양념을 넣
고 끓인다.

5 ④의 재료가 익기 시작
하면 칼국수를 넣어 면이
익을 때까지 끓인다.

바나나팥칼국수

유아식 완료기

필요한 영양소가 골고루! 한 그릇 밥상

비타민 A·B, 칼슘, 철분이 풍부한 팥에 바나나를 곁들여 먹을수록 고소하고 달콤한 팥칼국수를 만들어주세요. 엄마 아빠의 한 끼 식사로도 손색없는 유아식입니다.

재료 팥 1컵 **물** 3컵 **칼국수 면** 1/2줌 **바나나** 1/3개 **소금** 약간 **올리고당** 1작은술

바나나
식이섬유, 칼륨, 인

칼국수
탄수화물, 철분, 단
백질

팥
식이섬유, 단백질,
칼슘

유아식
완료기

필요한
영양소가
골고루
한 그릇 밥상

1 팥은 씻어 물에 담가 하룻저녁 충분히 불린다.

2 냄비에 팥을 담고 물을 부어 한번 끓으면 물을 따라 버리고 다시 팥이 충분히 잠길 만큼 물을 부어 팥이 손으로 으깨질 때까지 삶는다.

3 ②의 팥을 한 김 식혀 믹서에 담고 물을 약간 부어 곱게 간다.

4 냄비에 ③을 쏟고 물을 부어 끓인다.

5 ④가 끓어오르면 칼국수 면을 넣고 끓인 후 소금과 올리고당을 넣어 간한다.

6 그릇에 ⑤를 담고, 바나나를 사방 1cm 크기로 깍둑 썰어 고명으로 올린다.

달걀찜밥

유아식 완료기

초간단 아침식사

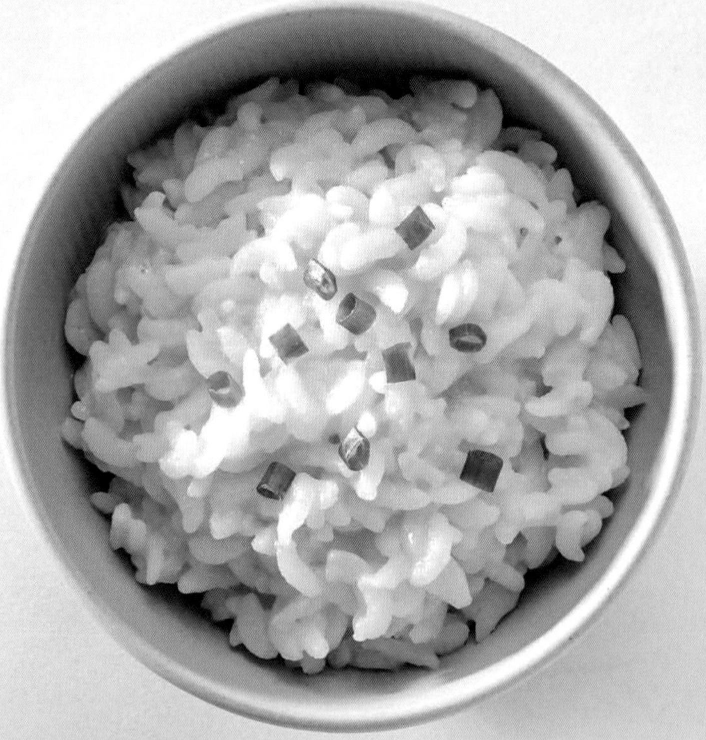

고소하고 부드러운 달걀찜밥은
입맛 없어 하는 아이의
아침식사로 제격이에요.
쫄깃한 식감을 주고 싶다면
칵테일 새우나 관자 등을
다져 넣어보세요.

재료 **달걀** 1개 **밥** 1/3공기 **잘게 썬 쪽파** 2큰술 **소금** 약간 **물** 1/4컵

1 볼에 달걀을 깨 넣고 물과 소금을
넣어 고루 푼다.

2 그릇에 밥을 넣고 ①을 붓는다.

3 냄비에 물을 붓고 ②를 넣은 뒤 뚜
껑을 닫고 중탕으로 익힌다.

4 달걀물이 익으면 불을 끄고 5분 후
에 꺼낸다.

프렌치토스트 + 과일

유아식 완료기
초간단 아침식사

냉동실에 남아 있는 식빵을
멋진 아침식사로 변신시켜보세요.
우유를 넣은 달걀물에
식빵을 적셔 구워주면
아이의 아침 잠을 확 달아나게 할 거예요.
과일을 곁들여 비타민 섭취도 잊지 마세요.

재료 **식빵** 1장 **달걀** 1개 **우유** 1큰술 **버터** 1작은술 **오렌지** 1조각

1 볼에 달걀을 풀고 우유를 넣어 골고
루 섞는다.

2 식빵을 반으로 잘라 ①에 살짝 담
갔다가 건진다.

3 팬을 달궈 버터를 녹인 뒤 ②를 올
려 노릇하게 굽는다.

4 ③이 익으면 접시에 담고 오렌지를
곁들여 낸다.

순두부탕

유아식 완료기
초간단 아침식사

힘을 불끈 솟게 하는
단백질이 풍부한 두부는
활동량이 많은 아이의 아침식사로
안성맞춤입니다.
간편하게 숟가락으로 떠 먹기 좋고,
목넘김도 부드러워
아이가 금방 한 그릇 비워낼 거예요.

재료 **순두부** 1/2봉지 **국물용 멸치** 5마리 **잘게 썬 쪽파** 1/3작은술 **소금** 약간
물 2컵

1 냄비에 물을 붓고 국물용 멸치를 넣어 5분 정도 끓인 뒤 멸치를 건져낸다.

2 ①에 순두부를 넣고 끓인 뒤 소금으로 간하고 잘게 썬 쪽파를 얹는다.

PART
05

MONTHS
36~60

유아식
완료기

초간단
아침식사

게살밥그라탱

유아식 완료기
초간단 아침식사

칼슘과 단백질이 풍부한
영양 만점 아침식사입니다.
고소한 치즈를 듬뿍 올려주면
아이가 피자라고 좋아하며
잘 먹을 거예요.
아침식사뿐 아니라
주말 간식으로도 좋습니다.

재료 밥 1/3공기 **시판용 게살** 3줄 **우유** 1/4컵 **모차렐라 치즈** 1컵 **소금** 약간

1 그릇에 밥을 담고 우유, 소금을 넣어 골고루 섞는다.

2 게살은 잘게 찢어놓는다.

3 내열그릇에 ①과 ②를 담고 모차렐라 치즈를 뿌린 후 전자레인지에서 5분간 익힌다.

유아식
완료기

초간단
아침식사

세 가지 대표 식재료를 활용한
엄마표 건강 간식

이유기와 마찬가지로 이 시기도 끼니와 끼니 사이 아이에게 간단한 간식을 먹이는 것이 좋습니다. 과자나 사탕, 설탕 범벅인 음료수 대신 간단한 엄마표 건강 간식을 만들어주세요. 아이에게 꼭 필요한 영양 성분이 담긴 데다 아이가 있는 집이라면 대부분 구비되어 있는 오렌지주스, 견과류, 치즈로 만든 11가지 엄마표 간식을 소개합니다.

오렌지주스

새콤달콤, 어른 아이 할 것 없이 누구나 좋아하는 음료인 '오렌지주스' 속에는 비타민 C 뿐 아니라 세포를 건강하게 해주는 엽산, 나트륨을 배출해주는 칼륨 등이 풍부하게 들어 있다. 아이에게 더없이 좋은 간식임에도 오렌지주스는 당 덩어리라는 오명을 쓰고 있다. 오렌지 농축액은 당 함량이 높지만 100% 착즙 주스인 경우엔 얘기가 달라진다. 오렌지주스를 고를 때는 농축액을 희석한 제품인지, 100% 착즙해 당이 전혀 들지 않은 제품인지를 확인하는 것이 좋다.

하하하 추천! '플로리다 오렌지주스'

세계 유명한 휴양지 중 하나인 플로리다는 뜨거운 햇살, 적당한 강우량 등 오렌지 재배에 완벽한 환경을 가진 곳입니다. 플로리다에서 재배한 오렌지는 과즙이 풍부하고 당도가 높아 오렌지주스를 만들기에 제격이죠. 플로리다 오렌지주스는 잘 익은 오렌지에서만 생기는 풍부하고 진한 맛이 일품으로 전세계에 프리미엄 주스로 잘 알려져 있습니다. 100% 착즙 주스로 설탕과 농축액을 일절 첨가하지 않아 자연이 준 달콤한 맛만을 느낄 수 있습니다.

PART
06

MONTHS
36~60

엄마표
건강 간식

오렌지주스를
활용한
건강 간식

오렌지소스 닭가슴살강정

재료 닭가슴살 2조각(100g) **소금** 1/2작은술 **포도씨유** 약간
[오렌지 소스] 오렌지 1개 **오렌지주스** 1컵 **간장** 4큰술 **조청** 2큰술 **다진 마늘** 약간

1 닭가슴살은 먹기 좋은 크기로 썰어 소금으로 간한다.

2 팬을 달궈 포도씨유를 두르고 ①을 넣어 겉만 익을 정도로 볶는다.

3 오렌지는 속껍질까지 벗기고 먹기 좋은 크기로 썬다.

4 그릇에 오렌지를 담고 오렌지주스, 간장, 조청, 다진 마늘을 넣고 골고루 섞는다.

5 ②에 ④를 붓고 닭가슴살이 익을 때까지 조려 그릇에 담는다.

오렌지주스셔벗

재료 **오렌지주스** 1컵 **올리고당** 1/2큰술

1 그릇에 오렌지주스를 붓고 냉동실에 얼린다.

2 2시간 후 냉동실에서 꺼내 포크로 긁는다.

3 ②를 다시 냉동실에 얼리고 1시간 후 다시 긁는 것을 2회 반복해 그릇에 담는다.

**엄마표
건강 간식**

오렌지주스를
활용한
건강 간식

오렌지주스화채

재료 오렌지주스·블루베리·올리고당 1/2컵씩 **수박** 1/6개 **탄산수** 500ml

1 수박은 2×3cm 크기로
깍둑썰기 한다.

2 그릇에 오렌지주스를
붓고 올리고당, 탄산수를
넣어 골고루 젓는다.

3 ②에 ①과 블루베리를
넣어 완성한다.

오렌지주스수프

재료 **오렌지주스** 1+1/2컵 **버터** 1/2큰술 **밀가루** 2큰술 **우유** 1/3컵 **데쳐 다진 브로콜리·올리브유** 1큰술씩 **칵테일 새우** 4개 **소금** 약간

1 칵테일 새우는 잘게 썰어 팬을 달궈 올리브유를 두르고 볶는다.

2 다른 팬을 달궈 버터를 녹이고 밀가루를 넣어 갈색이 될 때까지 볶은 후 오렌지주스, 우유, 다진 브로콜리를 넣고 끓인다.

3 ②에 ①을 넣고 약한 불에서 끓인 후 소금으로 간한다.

**엄마표
건강 간식**

오렌지주스를
활용한
건강 간식

오렌지소스
쇠고기탕수육

재료 채 썬 쇠고기 100g **달걀흰자** 1개 분량 **녹말가루** 3큰술 **소금·후추** 약간씩 **올리브유** 1작은술 **물** 1/3컵
[오렌지 소스] 오렌지주스 1컵 **설탕** 2큰술 **소금** 1/2큰술 **식초·녹말가루·물·건블루베리** 1큰술씩

1 채 썬 쇠고기는 소금 과 후추를 뿌려 조물조물 간한다.

2 그릇에 물을 붓고 녹말 가루를 풀어 전분을 가라 앉힌 후 윗물을 따라낸다.

3 ②에 달걀흰자와 올리 브유를 넣고 섞어 튀김옷 을 만든다.

4 채 썬 쇠고기에 튀 김옷을 골고루 입힌 뒤 160~180℃로 달군 기름 에 튀긴다. 3~5초 사이 에 튀김이 떠오르면 적당 한 온도.

5 냄비에 소스 재료 중 오 렌지주스, 설탕, 소금, 식초, 건블루베리를 넣고 끓인다. 녹말가루와 물은 잘 섞는다. 소스가 끓어오르면 녹말물 을 넣고 걸쭉해지면 그릇에 ④를 담고 그 위에 뿌린다.

견과류

견과류는 불포화지방산과 단백질이 풍부해 성장기 아이의 훌륭한 영양 공급원이다. 섬유소도 풍부해 장을 건강하게 하며, 콜레스테롤 수치를 낮추는 효과도 있다. 호두는 하루 4알, 아몬드는 5알, 땅콩은 10알 등 적정량만 먹이면 최고의 간식으로 활용할 수 있다. 단, 알레르기를 유발할 수 있으므로 아이 체질을 확인하고 먹이며, 과다 섭취 시 소화불량, 설사, 비만 등 후유증이 생길 수 있으므로 주의한다.

**엄마표
건강 간식**

견과류를
활용한
건강 간식

아몬드 가루는 통아몬드를
구입해 직접 갈아서
사용한다. 시중에서 파는
아몬드 분말은 몸에 좋은
철분이 풍부한 아몬드
겉피를 제거한 것이 많다.
통아몬드는 분쇄 기능이
있는 믹서에 쉽게 갈 수
있다.

아몬드쿠키

재료 아몬드 8알 **쌀가루** 1/3컵 **달걀물** 3큰술 **우유** 1/2큰술 **설탕** 1큰술

1 통아몬드는 분쇄기에
넣어 간다.

2 볼에 달걀물, 우유, 설
탕을 넣고 거품기로 섞은
후 ①과 쌀가루를 넣어 반
죽한다.

3 ②를 한입 크기로 떼어
동그랗게 빚어 팬에 올리
고 180℃로 예열한 오븐
에서 15~20분간 굽는다.

호두찜케이크

재료 쌀가루 1/2컵 **우유** 1/5컵 **달걀** 1개 **설탕** 2큰술
베이킹파우더 1작은술 **호두** 5알

반죽을 거품기로 많이
저을수록 공기가
많이 들어가 부드러운
찜케이크가 완성된다.

1 호두는 잘게 다진다.

2 쌀가루와 베이킹파우
더는 체에 쳐서 볼에 담고
우유와 달걀, 설탕을 넣어
반죽한다.

3 반죽이 충분히 섞이
면 호두를 넣고 한 번 더
섞는다.

4 종이컵이나 찜케이크
틀에 반죽을 담고 김이
오른 찜기에 넣어 15분
간 찐다.

**엄마표
건강 간식**

견과류를
활용한
건강 간식

견과류절편샌드

재료 절편 4장 **아몬드** 4개 **호두** 2알 **건푸룬** 2개 **건포도** 4개 **올리고당** 3큰술

1 아몬드와 호두는 곱게 다진다.

2 건포도와 건푸룬은 잘게 다진다.

3 볼에 ①과 ②를 담고 올리고당을 넣어 잼처럼 걸쭉하게 만든다.

4 프라이팬에 절편을 살짝 구워 ③을 올리고 다른 절편을 포개어 그릇에 담는다.

치즈

칼슘, 미네랄, 비타민과 단백질 등 영양 많은 간식 치즈는 사람 몸에 필요한 대부분의 영양소를 함유하고 있기 때문에 인간이 신에게 받은 최고 식품으로 일컬어진다. 소화 흡수가 빠르고, 에너지로 전환하는 속도가 빨라 활동량이 많은 아이에게 특히 좋다. 영양소 중 상대적으로 비타민 C와 식이섬유가 부족하므로 채소나 과일을 곁들여 먹으면 좋다. 특히 비타민이 고루 들어 있고 칼슘과 인이 풍부한 감자와 최고의 궁합!

치즈떡케이크

재료 멥쌀가루 1컵 **체다 치즈** 1장 **설탕** 30g **소금** 1/2작은술
물 적당량

1 볼에 쌀가루를 담고 설탕을 넣어 고루 섞는다.

2 체다 치즈는 잘게 썬다.

3 ①에 ②를 넣어 고루 버무린다.

4 모양 틀에 ③을 담고 김이 오른 찜기에 넣어 20분간 찐다.

떡을 만들 때 사용하는 습식 멥쌀가루는 실온에 보관하면 쉽게 상하므로 반드시 냉동·냉장 보관한다.

엄마표 건강 간식

치즈를 활용한 건강 간식

치즈김치전

재료 다진 백김치 1/2컵 **모차렐라 치즈** 1/2컵 **밀가루** 1컵 **포도씨유·버터** 1큰술씩 **파르메산 치즈** 1/3컵 **소금** 약간 **물** 1/2컵

1 넓은 볼에 밀가루를 담고 물을 부어 섞는다.	**2** ①에 다진 백김치를 넣고 소금으로 간한다.	**3** 프라이팬을 달궈 포도씨유를 두르고 버터 1/2큰술을 넣는다.	**4** 반죽을 떠 넣어 가운데를 오목하게 해서 모차렐라 치즈를 얹은 후 반죽을 얇게 덮는다. 한쪽 면이 익으면 버터 1/2큰술을 마저 넣고 뒤집어 익힌다.	**5** 골고루 익으면 접시에 옮겨 담고 파르메산 치즈 가루를 뿌린다.

치즈샌드위치

재료 식빵·아기용 치즈 1장씩 **달걀** 1개 **우유** 1/3컵 **설탕** 1작은술 **소금** 약간

1 그릇에 달걀을 풀고 우유, 설탕, 소금을 넣어 잘 섞는다.

2 식빵을 반으로 자르고 양면에 ①을 고루 펴 바른다.

3 프라이팬을 달궈 ②를 굽고 식빵 사이에 치즈를 넣는다.

**엄마표
건강 간식**

치즈를
활용한
건강 간식

약이 되는 유아식,
음식으로 아이의 몸과 마음을
치유해주세요

아이가 아프거나 체력이 떨어졌을 때 먹이면 좋은 영양 만점 유아식을 소개합니다. 주변에서 흔히 접하는 식재료에도 기운을 솟아나게 하는 신통한 효과가 숨어 있답니다.

아이가 콜록콜록 기침을 하기 시작했다면 무로 음식을 만들어줘 가래를 삭이고, 변비에 걸렸다면 섬유질이 풍부한 당근, 고구마, 미역으로 요리를 해주세요. 양배추, 두부, 카레는 비만에 좋답니다. 손쉽게 구할 수 있는 재료에 엄마의 정성을 더한 보양 유아식으로 아이의 건강을 챙기세요.

취나물호두소스무침

약이 되는
유아식

감기에
좋은
건강 밥상

콜록콜록
감기에 좋아요!

취나물은 폐와 기관지가 약한
아이에게 좋은 식품입니다.
오래된 기침, 천식, 감기,
인후염, 만성 기관지염 등에
효과가 좋고,
폐를 보하는 효능도 있습니다.

마른 취나물은 물에
충분히 불려 삶는다. 8번
정도 물을 갈아가며 불려야
아이들이 편하게 씹을 수
있을 만큼 부드러워진다.
아이가 씹는 것에 익숙지
않다면 잘게 썰어준다.

재료 **취나물** 1줌
[호두 소스] **참깨** 1큰술 **호두** 2알 **물** 2큰술 **소금** 1/2작은술

1 취나물은 끓는 물에 데쳐 찬물
에 헹궈 물기를 꼭 짜고 3cm 길이
로 썬다.

2 믹서에 분량의 소스 재료를 넣고
곱게 간다.

3 볼에 ①을 담고 ②를 넣어 고루
버무린다.

213

간장무조림

약이 되는 유아식
감기에 좋은 건강 밥상

**약이 되는
유아식**

감기에
좋은
건강 밥상

콜록콜록
감기에 좋아요!

무는 가래를 삭이는 데 도움이
되는 식품입니다. 조리하기 전에는
단단하지만 수분이 많아 국이나
조림에 넣어 오래 익히면 부드럽게
먹을 수 있습니다.

조림 양념은 반드시
레시피에 제시한 분량대로
만든다. 어른 입맛에
싱겁다고 간을 조금 더하면
아이에겐 짤 수 있다.
아이가 한입 가득 먹어도
괜찮을 정도로 삼삼하게
조린다.

재료 **무**(20cm 길이) 1/8개
[조림 양념] **맛술** 1큰술 **설탕** 1큰술 **참기름** 1/2큰술 **물** 1/2컵

1 무는 사방 1.5cm 크기로 깍둑
썬다.

2 냄비에 조림 양념 재료를 모두 끓
이다 끓어오르면 무를 넣는다.

3 무에 양념이 고루 배도록 조린다.

미나리물김치

약이 되는 유아식

감기에 좋은 건강 밥상

약이 되는
유아식

감기에
좋은
건강 밥상

콜록콜록
감기에 좋아요!

미나리에 함유된 비타민 C는
바이러스에 대한 면역력을 높이는
데 도움이 됩니다. 향이 강한
편이지만 김치로 담가 숙성시키면
미나리 특유의 향이 줄어 아이가
먹기에도 좋습니다.

미나리물김치가 덜 익으면
미나리 특유의 향이 나서
아이가 먹기 힘들 수 있다.
하루 이상 숙성시켜 향은
줄고 새콤한 맛이 날 때
먹인다.

재료 **미나리** 2줄기 **무** 1/8개 **소금** 1작은술 **배** 1/4개
[양념] 소금 1/2큰술 **설탕** 1/3큰술 **물** 2컵

1 미나리는 깨끗이 씻어 2cm 길이
로 썬다.

2 무와 배는 깨끗이 손질해 2cm
크기로 나박나박 썰고, 무는 소금
에 절인다.

3 볼에 양념 재료를 섞은 뒤 ①과
②를 넣고 버무려 하루 정도 숙성
시킨다.

당근초나물

변비에 좋은 건강 밥상

약이 되는
유아식

변비에
좋은
건강 밥상

변비를
해결해줘요

아이들은 대부분 씹는 것을
귀찮아합니다. 당근의 단단한
질감도 싫어하지요. 당근을 조리할
때 식초를 활용하면 식감이
연해지고 새콤달콤한 맛도 더할 수
있어 아이가 먹기 편하답니다.
양질의 섬유질을 함유하고 있어
변비에도 도움을 주므로 아이
입맛에 맞게 조리해주세요.

당근은 최대한 가늘게 채
썰어야 채소를 싫어하는
아이도 거부감 없이 먹을
수 있다.

재료 **당근**(15cm 길이) 1/4개 **물** 1큰술
[양념] 깨소금 약간 **식초** 1/2큰술 **설탕** 1작은술 **소금** 1/2작은술

1 당근은 깨끗이 손질해 3cm 길이
로 가늘게 채 썬다.

2 프라이팬을 달궈 물을 한 숟가락
정도 두르고 당근을 넣어 볶는다.

3 ②가 부드럽게 익으면 볼에 담
고 분량의 양념을 넣어 조물조물
버무린다.

219

미역오징어초무침

약이 되는 유아식
변비에 좋은 건강 밥상

약이 되는
유아식

변비에
좋은
건강 밥상

변비를
해결해줘요

갈조류의 식이섬유는 변비에
좋고, 포만감을 느끼게 해 비만인
아이에게 도움이 됩니다. 특히
미역은 칼슘이 풍부해 성장기
아이에게 좋습니다.

오징어는 오래 삶으면
질겨지므로 불투명해질
정도로만 살짝 데친다.
양념 국물이 자작하도록
촉촉하게 무치는 것이
포인트.

재료 **불린 미역** 1/2컵 **오징어(몸통 부분)** 1/2마리
[양념] 식초 1큰술 **설탕** 1작은술 **소금** 1/2작은술

1 불린 미역은 끓는 물에 살짝 데쳐
찬물에 헹궈 물기를 꼭 짜고 2cm
길이로 썬다.

2 오징어는 3×0.5cm 크기로 채
썬다.

3 볼에 양념 재료를 섞고 ①과 ②를
넣어 조물조물 버무린다.

고구마치즈전

약이 되는 유아식

변비에 좋은 건강 밥상

**약이 되는
유아식**

변비에
좋은
건강 밥상

변비를
해결해줘요

고구마에 풍부하게 들어 있는
식물성 섬유질은 수분 함량이 높고
소화가 잘됩니다. 대장 운동을
활발하게 해 장 속 세균 중 이로운
균을 늘리기 때문에 건강한 황금
똥을 누는 데 도움을 주지요.
생고구마를 자르면 하얀 진액이
나오는데, 이는 '야라핀'이라는
성분으로 변비에 매우 효과적인
것으로 알려져 있습니다.

재료 **고구마** 1개 **체다 치즈** 2장 **소금** 1/4작은술 **포도씨유** 약간 **우유** 1큰술

1 고구마는 삶아서 껍질을 벗기고
뜨거울 때 치즈를 넣어 함께 으깬다.

2 ①의 으깬 고구마에 소금과 우유
를 넣고 고루 섞어 반죽한다.

3 프라이팬을 달궈 포도씨유를 두
르고 반죽을 떠 넣어 앞뒤로 노릇하
게 굽는다.

파프리카잡채

약이 되는 유아식

면역력을 키우 는 건강밥상

면역력을 쑥쑥 키워요

노란색 파프리카에 들어 있는
카로티노이드라는 색소는 면역력을
높이는 데 효과적입니다.
특히 음식 알레르기가 있는 아이는
면역력을 키우는 것이 무엇보다
중요하므로 노란 파프리카를
조금씩 꾸준히 먹이는 것이
좋습니다.

재료 당면 1/2줌 **빨강·노랑 파프리카** 1/4개씩 **양파** 1/5개 **시금치** 1뿌리 **식용유** 약간 **[양념]** 간장 1/2큰술 **다진 마늘** 1/2작은술 **참기름** 약간

1 당면은 따뜻한 물에 불려 끓는 물에 삶아 3cm 길이로 썬다.

2 파프리카와 양파는 3cm 길이로 채 썰어 프라이팬에 기름을 두르고 볶고, 시금치는 끓는 물에 살짝 데쳐 찬물에 헹궈 물기를 꼭 짜고 3cm 길이로 썬다.

3 볼에 ①, ②를 담고 분량의 양념을 넣어 조물조물 무친다.

표고버섯새우볶음

면역력을 키우는 건강 밥상

**약이 되는
유아식**

면역력을
키우는
건강 밥상

면역력을 쑥쑥 키워요

생표고버섯에는 비타민 B₁, B₂가
많이 들어 있고, 마른 표고버섯에는
비타민 D와 렌티난 성분이
함유되어 있습니다. 모두 아이의
면역력을 길러주는 데 꼭 필요한
성분임을 잊지 마세요.

표고버섯은 향이 좋아
국물 요리뿐 아니라
볶거나 구워도 맛있다.
양송이버섯과 함께 볶으면
풍미를 더해 더 구수한
버섯 요리를 맛볼 수 있다.

재료 **표고버섯** 1개 **알새우** 5마리 **양파** 1/5개 **부추** 약간 **포도씨유** 1/2큰술
[양념장] 간장 1큰술 **맛술** 1큰술 **설탕** 1/2큰술 **후춧가루** 약간

1 표고버섯은 기둥을 떼고 3cm 길
이로 채 썰고, 부추, 양파도 같은 길
이로 곱게 채 썬다.

2 알새우는 깨끗이 씻어 반으로
가른다.

3 프라이팬을 달궈 포도씨유를 두
르고 표고버섯, 양파, 알새우를 볶
다가 양파가 투명해지면 양념장을
만들어 넣고 다시 볶는다. 재료가
모두 익으면 불을 끄고 부추를 넣어
잔열로 익힌다.

227

우렁된장비빔밥

약이 되는 유아식

면역력을 키우는 건강 밥상

면역력을 쑥쑥 키워요

우리나라 음식의 자랑이자 대표
발효식품인 된장과 김치. 좋은
유산균이 살아 있어 성장기 아이의
면역력을 키우는 데 도움이 됩니다.
여기에 칼슘이 풍부해 골격 형성에
도움을 주는 우렁을 넣어 건강
밥상을 만들어보세요.

재료 **우렁살** 1/3컵 **애호박**(15cm 길이) 1/4개 **양파** 1/6개 **된장** 1/2큰술 **국물용 멸치** 2마리 **참기름** 1작은술 **물** 1/2컵

1 우렁살은 흐르는 물에 깨끗이 씻
어 끓는 물에 살짝 데쳐 1.5~2cm
크기로 잘게 썬다.

2 애호박과 양파는 깨끗이 손질해
사방 0.5cm 크기로 썬다.

3 국물용 멸치는 내장과 머리를 떼
고 믹서에 곱게 간다.

4 작은 뚝배기에 준비한 재료를
모두 넣고 물을 부어 바글바글 끓
인다.

두부조림

비만을 막아주는 건강 밥상

**약이 되는
유아식**

비만을
막아주는
건강 밥상

건강하게
날씬해져요!

두부는 아이들의 호불호가 갈리는
식품입니다. 두부를 프라이팬에
살짝 구워 겉면을 단단하게 한 뒤
달콤한 소스에 조려주면 아이들이
맛있게 먹을 수 있어요. 몸에
좋은 식물성 단백질 함량이 높고
칼로리는 낮은 데다 포만감까지
느낄 수 있어 비만인 아이에게
좋습니다. 식이섬유인 올리고당도
풍부해 두부를 많이 먹으면 배변
양도 많아집니다.

재료 **두부** 1/4모 **소금** 1/2작은술 **포도씨유** 1/2큰술
[양념] 간장 1큰술 **설탕** 1/2큰술 **올리고당** 1/2큰술 **참기름** 1작은술

1 두부는 사방 2cm 크기로 썰어 소
금을 약간 뿌렸다가 키친타월에 올
려 수분을 거둔다.

2 프라이팬을 달궈 포도씨유를 두
르고 ①을 굴려가며 노릇하게 굽
는다.

3 다른 프라이팬에 양념 재료를 넣
고 설탕이 녹을 때까지 끓이다 ②를
넣어 조린다.

양배추파프리카숙채

비만을 막아주는 건강 밥상

약이 되는
유아식

비만을
막아주는
건강 밥상

건강하게
날씬해져요!

양배추는 100g당 31kcal
로 칼로리가 낮은 대표적인
식품입니다. 식이섬유가 풍부해
씹을 때 뇌를 자극하기 때문에
포만감을 느낄 수 있고, 변비에도
도움이 됩니다.

재료 **양배추** 1/8통 **빨강·노랑 파프리카** 1/6개씩
[양념] **소금** 1/2작은술 **참기름** 1/2작은술

1 양배추와 파프리카는 깨끗이 손
질해 3cm 길이로 곱게 채 썬다.

2 끓는 물에 ①을 넣어 숨이 죽
을 정도로만 살짝 데쳐 건져 물기
를 꼭 짠다.

3 볼에 ②를 담고 분량의 양념을 넣
어 조물조물 버무린다.

233

카레달걀말이

약이 되는 유아식

비만을 막아주는 건강 밥상

건강하게
날씬해져요!

카레의 주원료인 강황은 체중
감량에 도움을 줍니다.
강황에 들어 있는 '커큐민'이라는
성분이 몸속 지방 조직이
늘어나 살이 찌는 것을 막아주기
때문이죠. 향이 강한 음식은
너무 자주 먹으면 질릴 수 있으니
일주일에 한두 번 먹이는 것이
좋습니다.

재료 **달걀** 1개 **우유** 1/2큰술 **카레 가루** 1/2작은술 **당근** 1/8개 **양파** 1/5개
포도씨유 1/2큰술

1 당근과 양파는 깨끗이 손질해 잘
게 다진다.

2 볼에 우유와 카레 가루를 넣고 덩
어리지지 않게 잘 푼다.

3 다른 볼에 달걀을 깨 넣어 알끈
을 제거한 후 잘 풀고 ①과 ②를 넣
어 섞는다.

4 프라이팬을 달궈 포도씨유를 두
르고 ③을 부어가며 돌돌 만다.

**약이 되는
유아식**

비만을
막아주는
건강 밥상

깍두기+백김치

유아식 중기까지는 밥, 국, 반찬 한 가지로 식단을 구성했지만, 후기부터는 김치
한 가지씩을 추가해 반찬을 두 가지로 늘려주세요. 웬만한 요리는 그런대로 하는데 '김치'만은 엄두가 나지
않는다는 엄마들을 위해 준비했습니다. 배추 1통, 무 1개만 있으면 뚝딱 담글 수 있고, 짜지 않고 담백해
아이 건강도 챙길 수 있는 아이 첫 김치에 도전해보세요.

절일 필요 없이 무 1개면 뚝딱! '깍두기'

재료 **무(중간 크기) 1개(약 1kg) 미나리 4줄기 고춧가루 1큰술 다진 생강 1작은술 멸치액젓 2큰술 설탕 1작은술**

1 무는 아이가 먹기 좋게 사방 1cm 크기로 깍둑 썬다. 2 미나리는 3cm 길이로 썬다. 3 큰 볼에 ①을 담고 고춧가루를 넣고 고루 섞어 실온에 30분 정도 두면 먹음직스럽게 색이 밴다. 4 ③에 ②와 다진 생강, 멸치액젓, 설탕을 넣고 고루 버무려 밀폐용기에 담고 실온에서 반나절 동안 익힌 뒤 냉장 보관한다.

알배추로 담근 '백김치'

재료 **알배추** 1통(1kg) **새우젓** 1작은술 **무**(3cm) 1토막 **당근**(1~2cm) 1토막 **미나리** 4줄기 **마늘** 2쪽 **생강**(1cm) 1톨 [**절임물**] **물** 4컵 **소금** 1큰술 [**국물**] **물** 1+3/4컵, **소금** 1작은술

1 알배추는 반으로 갈라 통에 담고 절임물을 만들어 부어 반나절 정도 절인 뒤 씻어 채반에 엎어 물기를 뺀다. 배추를 들었을 때 물이 천천히 뚝뚝 떨어지는 정도로 물기를 빼면 된다. 2 새우젓은 건더기를 잘게 다지고, 무와 당근은 3~4cm 길이로 채 썬다. 미나리도 같은 길이로 썰고, 마늘과 생강은 얇게 져며 다시팩에 넣는다. 3 볼에 ②의 채 썬 무와 당근, 미나리, 새우젓을 넣고 고루 섞어 소를 만든 뒤, 배추 사이사이에 넣는다. 배추 2~3장에 한 번씩 소를 넣는데, 손끝으로 잡았을 때 달걀 크기 정도의 양이면 된다. 4 밀폐용기에 마늘과 생강을 넣은 다시팩을 넣고 배추를 등이 보이게 넣은 뒤 국물을 만들어 붓고 뚜껑을 덮는다. 납작한 접시로 눌러 공기와의 접촉을 줄이면 아삭한 김치 맛을 유지하는 데 좋다. 실온에서 반나절 익힌 뒤 냉장고에 넣어 마저 익힌다.

❶ 미나리는 생으로 먹으면 떫은맛이 나서 아이들이 먹기 힘들지만 김치 담글 때 넣어 익혀 먹으면 아삭하고 은은한 향이 나서 먹기 좋다.

❷ 아이가 먹는 김치는 염도가 낮아 변질되기 쉬우므로 물기가 적고 단단한 알배추를 사용하는 것이 좋다. 맛도 달고 고소하다.

약이 되는
유아식

누구나
만들 수 있는
우리 아이
첫 김치

오이김치+사과동치미

약이 되는 유아식 : 우리 아이 첫 김치

고춧가루 대신 파프리카로 양념한 '오이김치'

재료 **백오이** 4개(약 600g) **빨강 파프리카** 1/3개 **다진 마늘** 1/2작은술 **소금** 1큰술 **찹쌀가루** 1/2큰술 **다시마 국물** 4/5컵

1 오이는 굵은소금으로 씻어 길게 가른 뒤 반달 모양으로 도톰하게 썰어 볼에 담고 소금을 뿌려 40~50분간 절인다. 1시간 이상 절이면 오이의 수분이 많이 빠져나가 질겨지므로 주의할 것. 2 냄비에 다시마 국물을 붓고 찹쌀가루를 섞어 약한 불에서 걸쭉하게 끓여 찹쌀 풀을 쑨 다음 식힌다. 찹쌀 풀을 쑬 때 다시마나 멸치 국물을 사용하면 감칠맛을 더할 수 있다. 3 믹서에 파프리카를 큼직하게 썰어 넣고 ②와 다진 마늘, 소금을 넣어 거칠게 간다. 4 오이의 물기를 손으로 가볍게 짠 다음 볼에 담고 ③을 쏟아 고루 버무린다. 밀폐용기에 담아 하루 동안 실온에서 익혀 바로 먹는다.

사과를 넣어 새콤달콤한 '사과동치미'

재료 **사과** 1개 **무**(중간 크기) 1개(약 1kg) **쪽파** 8뿌리 **마늘** 2쪽 **생강**
(1cm 길이) 1톨 **소금** 2큰술+1작은술 **[국물] 소금** 2큰술 **물** 11컵

1 무는 큼직하게 8등분하여 소금을 고루 섞어 반나절 동안 절인다. 전
날 밤에 절여두고 아침에 담그면 편하다. **2** 사과는 껍질째 깨끗이 씻어
8등분한 뒤, 속의 씨 부분을 도려낸다. 쪽파는 소금 1작은술을 뿌려 숨
이 죽으면 돌돌 말아 묶는다. **3** 마늘과 생강은 편으로 썰어 다시팩에
넣는다. **4** 밀폐용기에 ①, ②, ③을 담고 국물을 만들어 붓는다. 실온에
서 하루 동안 익혔다가 냉장고에 넣어 보관한다. 익으면 아이가 먹기 좋
은 크기로 썰어 낸다.

❶ 파프리카는 홍고추와
비슷한 향을 내지만 매운
맛은 없고 달콤한 맛이
난다. 오이로 김치를 담글
때는 청오이보다 껍질이
부드럽고 수분이 많은
백오이로 담가야 아이가
먹기 좋고, 빨리 익어 바로
먹을 수 있다.

❷ 마늘과 생강을 다져
넣으면 아이가 먹기에는
맛이 강하므로 얇게 썰어
다시팩에 넣는 것이 좋다.
다시팩은 김치가 익으면
건져낸다.

약이 되는
유아식

누구나
만들 수 있는
우리 아이
첫 김치

SOS! Q&A 10

밥 잘 먹는
아이로 키우고
싶어요!

낯선 음식은
먹지
않으려고 해요.

Q&A.1

새로운 음식을 주면 냄새만 맡고 먹지 않으려 하거나 억지로 먹이려고 해도 고개를 절레절레 흔들며 입을 꾹 다무는 아이가 있습니다. 아이는 자신이 좋아하는 음식 냄새에 익숙합니다. 아이 미각은 완전히 발달하지 않아서 혀에서 느끼는 맛이나 음식의 형태보다는 냄새로 음식을 기억하는 경우가 더 많기 때문입니다. 예민한 아이일수록 엄마가 새롭게 만들어준 낯선 음식에 무조건 거부감을 표현하고 불안해합니다. 아이가 좋아하는 음식 냄새를 잘 생각해보고 아이가 잘 먹는 음식과 유사한 형태로 시작해 음식에 조금씩 변화를 주는 것이 좋습니다. 서두르지 말고 아이가 낯선 음식에 적응해갈 수 있도록 도와주세요.

❶ 아이가 좋아하는 음식과 유사한 냄새와 형태로 만들어준다 아이가 좋아하는 음식의 냄새를 잘 파악해 그 음식에 사용하는 향신료의 양, 기본 소스를 세심히 먹어보고 살펴보면 답이 나온다. 새로운 반찬을 무작정 먹이려고 하기보다 아이가 좋아하는 음식의 냄새와 모양이 비슷한 음식으로 만들어줘보자. 후각과 시각적으로 음식에 갑자기 변화가 생기면 아이는 거부하기 마련. 음식에 조금씩 변화를 주면서 아이에게 새로운 맛을 접하게 한다.

❷ 요리 놀이를 통해 식재료에 대한 거부감을 줄여준다 아이와 요리 놀이를 해보자. 빨강·노랑·주황 등 아이의 예민한 감각을 충족시켜줄 다양한 색깔의 음식들로 관심을 끈다. 엄마가 아이와 함께 재료를 만져보고 냄새도 맡아본다. 놀이하며 아이가 자연스럽게 식재료에 대한 거부감이 줄면 먹이기를 시도해본다.

❸ 신체 활동을 늘린다 편식하면 소화기에 부담을 주고, 속이 좋지 않으면 식욕도 떨어진다. 예민한 아이는 더 잘 체할 수 있다. 아이와 신체 놀이 시간을 늘리면 체내의 기혈순환을 원활하게 하고 속열이 쌓이지 않아 소화가 잘된다. 적당한 운동은 허기를 느끼게 하고, 몸도 건강해지며 성장에도 도움이 된다.

❹ 부모가 모범을 보인다 엄마가 아이 앞에서 새로운 음식을 먹는 모습을 자주 보여줘 부모를 모방하려는 아이 심리를 자극한다. 아이가 새로운 음식에 관심을 갖도록 유도하되 아이가 먹지 않는다고 화를 내거나 야단치는 것은 금물이다

아이가
반찬은 안 먹고
맨밥만 먹어요.

Q&A. 2

이유식과 유아식을 단계별로 꼼꼼히 진행했는지 돌아보세요. 진밥을 먹어야 하는 이유식 후기 즈음이면 아이는 어른 밥상에 관심을 가집니다. 엄마 아빠의 밥과 반찬이 먹고 싶은 것처럼 낑낑대며 손을 뻗고, 애절한 눈빛으로 엄마를 바라보기도 하죠. 안쓰러운 마음에 아이 입에 밥알 몇 개를 넣어주면 오물거리며 맛있게 잘 먹습니다. 하지만 이것은 아이가 잘 먹는 것이 아니라 입 안에서 굴리다가 그냥 삼켜버리는 것입니다. 이때 아이가 맨밥을 먹기 시작했다고 성급하게 판단해 이유식을 중단하고 유아식을 시작하는 부모들이 꽤 많습니다. 아직 밥과 반찬을 따로 주는 것은 무리라고 생각해 밥에 이것저것 재료를 넣고 한 그릇 요리를 만들어주죠. 하지만 아이는 맨밥을 먹을 때와는 달리 입을 꽉 다문 채 먹으려고 하지 않을 것입니다. 그래서 맨밥만 먹이다 개월 수가 지나게 되는 것이지요. 그 후 치아가 많이 나서 반찬을 먹이려고 하면 아이는 역시 씹지 않고 뱉어버릴 것입니다. 악순환의 연속이죠. 이유식과 유아식은 시기별로 차근차근 단계를 따라가는 것이 중요합니다. 아이에게 미음을 먹이다 죽을 먹이고, 무른밥을 지나 진밥을 먹이는 데는 다 이유가 있습니다.

❶ **맨밥에 향이 강하지 않은 재료를 갈아서 넣어준다** 아이는 쌀 자체의 구수한 맛을 먼저 알았기 때문에 향이 진한 재료를 섞어주면 뱉어버린다. 달걀, 감자, 고구마, 고기 등 향이 강하지 않은 식재료를 갈아 별다른 양념을 하지 않고 밥과 섞어준다. 조금씩 입자 크기에 변화를 주고, 재료 본연의 향을 느낄 수 있게끔 적은 양부터 사용해 적응해가도록 해준다.

❷ **한 번에 숟가락의 3분의 1 정도 양을 먹인다** 아이는 밥알을 입 안에 넣고 굴리는 건 재미있어하지만 씹는 건 귀찮아한다. 아이가 '씹는다'는 것을 배우려면 3~4개월간 꾸준히 연습해야 한다. 단계별로 밥의 무르기 상태에 따라 씹는 방법을 익혀야 하는데, 이걸 충실히 하지 못한 아이는 밥을 먹어야 하는 시기가 돼도 어떻게 씹어야 하는지 모른다. 아이에게 맨밥 몇 알을 입 안에 넣어주지 말고 숟가락의 3분의 1 정도 양을 먹인다. 이 정도 양은 씹어서 삼켜야 하기 때문에 씹는 연습을 할 수 있다. 아이가 씹기를 거부하면 엄마가 먼저 씹는 모습을 과장해서 보여주면서 아이가 따라 할 수 있게 해준다. 일주일만 연습하면 아이의 맨밥 사랑을 멈출 수 있다.

밥을 씹지 않고 입에 물고 있어요.

Q&A.3

어른에겐 아무 일도 아니지만 아이에겐 턱과 치아를 사용해 '씹는' 것이 매우 힘든 일입니다. '씹는다'는 것은 이유 시기에 학습하고 익혀야 하는데, 이 과정을 소홀히 한 아이는 조금이라도 단단한 음식이 입 안에 들어오면 물고 있으려고 합니다. 가장 큰 원인은 '국'입니다. 국은 음식을 삼키기 좋은 상태로 만들기 때문에 아이들이 가장 좋아하는 조리법이죠.

이것을 이미 경험한 아이는 밥을 국에 말아서 먹으면 씹지 않고 밥을 쉽게 먹을 수 있다는 것을 압니다. 한번 밥을 국에 말아 먹은 경험이 있는 아이는 꼭 물이나 국에 밥을 말아달라고 하고, 심지어 5~6세가 되어도 물이나 국에 물을 말아 먹으려고 할 것입니다. 우선 아이의 식습관을 잘 파악해야 합니다. 이유식 후기 또는 유아식을 시작할 때 밥을 국이나 물에 말아 먹이진 않았는지, 아이가 유난히 국을 좋아하진 않는지, 밥을 먹을 때 몇 번이나 씹는지 등을 살펴보세요.

❶ **밥을 국에 말아 먹이지 않는다** 그렇다고 식습관을 당장 바꾸려고 해선 안 된다. 오히려 아이가 밥을 거부할 수 있다. 처음엔 아이가 좋아하는 국에 밥을 말지 말고 살짝 적셔주는 것으로 시작한다. 반찬도 무른 것부터 단단한 것으로 차근차근 먹인다. 일주일만 연습하면 아이가 점점 나아지는 것을 볼 수 있다.

❷ **거울 놀이를 한다** 엄마가 꼭꼭 씹어 먹는 모습을 보여주는 것도 한계가 있다. 처음엔 아이가 관심을 보이다가 금세 싫증 낼 수 있기 때문. 아이와 밥을 먹으며 거울 놀이를 해보자. 엄마가 먼저 씹는 모습을 보여주고 아이가 따라 하면 거울을 보여주는 것. 아이와 함께 거울을 보면서 꼭꼭 씹기 놀이를 하면 된다. 아이는 밥 먹는 것에 흥미를 찾을 수 있고, 거울 속에 비치는 엄마와 자신의 모습을 보며 재미있게 따라 할 것이다.

❸ **대수롭잖게 여겨서는 안 된다** 아이가 크면 나아질 것이라는 안일한 생각은 버리자. 우리 어릴 때는 거칠고 단단한 음식이 많았지만 요즘은 식품가공 기술이 발달해 부드러운 음식이 많다. 자연스럽게 아이들이 턱과 치아를 사용할 기회가 줄었다. 입 안에 음식을 물고 씹지 않는 것을 대수롭지 않게 여기고 나아질 것이라고 생각해선 안 된다. 음식을 잘 씹으면 얼굴형도 예뻐지고 치아도 제대로 형성된다. 두뇌 발달에도 반드시 필요하다.

아이가 밥을 먹으면서 딴짓을 하거나 돌아다녀요.

Q&A. 4

아이에게 밥을 먹일 때마다 전쟁을 치르는 것 같다는 엄마들이 많습니다. 아이 성향에 따라 정도의 차이는 있지만 밥 한 숟가락 먹고는 블록 놀이를 하고, 갑자기 방으로 뛰어가 침대 위에 벌렁 드러눕기도 하죠. 제자리에 앉아 있더라도 밥 먹기에 열중하기보다 음식을 손으로 만지면서 장난을 치고, 숟가락을 바닥에 떨어뜨리는 놀이에 열중하기도 합니다. 엄마는 한숨이 푹푹 나오지만 아이에게 밥을 다 먹여야겠다는 일념 때문에 한 시간 내내 밥그릇을 들고 아이를 쫓아다니는 상황이 벌어지기 일쑤입니다. 아이는 돌이 지나 걷기 시작하고 호기심이 많아지면 먹는 것보다 주위 사물이나 환경에 더 흥미를 느낍니다. 운동량이 많고 활발한 데다 집중력이나 호기심을 보이는 시간 또한 매우 짧아 도저히 얌전히 앉아 있을 수 없죠. 아이가 식탁을 어지럽히고 여기저기 돌아다니더라도 자연스러운 행동이라고 인정하고 받아들이는 것이 먼저입니다. 하지만 올바른 식습관을 형성해야 하는 중요한 시기입니다. 아이의 마음과 행동은 이해해주되 엄마의 단호한 식습관 교육도 필요하다는 것을 잊지 마세요.

❶ **주위 환경을 점검한다** 아이의 호기심을 자극하는 것들을 없앤다. 식사하는 공간 주위에 스마트폰이나 TV 등 아이의 관심을 끌 만한 전자제품의 전원을 모두 꺼서 아이가 식사에만 집중할 수 있는 환경을 만들어준다. 엄마가 아이와 마주 보고 앉아 눈을 맞추고 말을 걸면서 식사를 하면 아이의 집중도를 높일 수 있다.

❷ **밥은 한 자리에서 먹어야 한다는 것을 알려준다** 엄하게 가르쳐서라도 돌아다니지 않고 한 자리에 앉아 식사하는 습관을 들인다. 아이 식탁의자나 아이 전용 밥상, 음식을 골고루 담을 수 있는 식판이나 유아식 전용 그릇을 활용한다. "은수가 지금 블록 놀이를 하고 싶구나. 하지만 밥은 여기서만 먹을 수 있어. 밥부터 먹고 엄마랑 블록 놀이하자"고 말해준다. 아이는 하루아침에 달라지지 않는다. 인내심을 가지고 꾸준히 반복적으로 알려준다.

❸ **식사 시간을 제한한다** 현실적으로 식사 시간을 제한하기는 힘들지만 30분~1시간을 넘기지 않는 것이 좋다. 엄마가 허용하는 식사 시간을 1시간으로 정했다면 장난치느라 밥을 다 먹지 못했더라도 정해진 시간이 지나면 단호하게 밥상을 치운다.

❹ **주식이 줄면 간식도 줄인다는 원칙을 세운다** 아이가 아침을 안 먹고 점심 때가 되기 전에 밥을 찾아도 절대 줘서는 안 된다. 안쓰러운 마음에 밥을 주면 또 저녁을 거르고 늦은 시간에 간식을 찾기 때문에 악순환하기 십상이다. 아침, 점심, 저녁을 100으로 잡았을 때 주식을 70, 간식을 30 비율로 먹인다. 밥을 덜 먹었다고 간식을 더 줘서는 안 된다.

❺ **칭찬과 야단을 남발하지 않는다** 아이가 적게 먹는다고 혼내거나 많이 먹는다고 칭찬하지 않는다. 그러면 아이는 먹는 것에 부담감을 갖는다.

과일이나
요구르트 등 간식은
잘 먹는데
밥은 안 먹어요.

Q&A.5

바로 단맛 때문입니다. 인간을 비롯한 포유류는 본능적으로 단맛을 좋아한다는 연구 결과가 있습니다. 단맛, 즉 당은 생명을 유지하는 에너지원이고 생존을 보장하는 편안한 맛이기 때문입니다. 무엇이든 지나치면 해로운 법. 단맛은 마치 마약처럼 중독될 수 있고, 인위적인 강한 단맛은 건강을 해치는 주범이라는 것을 명심하세요. 아이가 밥을 잘 먹지 않는다고 해서 어떻게든 먹이겠다고 아이 입맛에 맞는 간식을 먹여서는 안 됩니다. 아이가 밥보다 맛있는 간식을 마다할 이유가 없겠죠. 이는 다음 끼니때 밥을 먹지 않고 또 간식을 찾게 되는 악순환의 원인이 됩니다.

❶ **과일의 천연 단맛도 관대해선 안 된다** 아이가 좋아한다고 해서 단맛이 강한 과일만 먹여서는 안 된다. 다양한 종류와 색깔의 과일을 먹이고, 시중에 판매하는 과일 주스보다는 직접 갈아서 먹이는 것이 좋다.

❷ **시판하는 유아용 요구르트도 조심한다** 아이들 입맛에 맞추기 위한 당이 듬뿍 들어 있다. 요구르트는 발효식품이니 괜찮겠지라고 생각해 많은 엄마들이 별 걱정 없이 아이에게 주는 간식 중 하나지만 아이로 하여금 단맛에 쉽게 길들게 하고, 올바른 식습관을 들이는 데 좋지 않다. 요구르트를 먹인다면 당분이 없는 떠먹는 플레인 요구르트를 먹인다.

❸ **단맛으로 보상하지 않는다** 많은 엄마들이 아이를 칭찬할 때 사탕이나 초콜릿을 주곤 한다. 칭찬할 일이 있다면 칭찬 스티커를 이용해 다른 보상을 해주는 것이 낫다.

❹ **짠맛도 마찬가지다** 꼭 지켜야 하는 유아식 원칙 중 하나는 대부분의 음식을 다 먹을 수 있지만 자극적인 맛은 피해야 한다는 것이다. 음식의 간을 세게 하지 말고, 조미료를 사용하지 않는 것이 아주 중요하다. 어른이 먹는 국에 밥을 말아 먹이거나 짠맛이 나는 과자 등을 주면 아이는 금세 짠맛에 길든다. 짠맛에 길든 아이는 결국 싱거운 맛을 거부하게 된다. 어릴 때부터 짜고 자극적인 입맛에 길들면 더욱 짠맛을 찾고, 성인이 돼서도 짠 음식을 좋아하는 식습관을 갖게 된다. 짠 음식을 많이 먹으면 고혈압과 같은 성인병에 걸릴 위험도 높아진다.

김치나 장류는
아이에게 너무
짜지 않을까요?

Q&A.6

우리의 전통 음식인 김치와 된장, 고추장 등은 최고의 건강식품입니다. 적당히 발효된 김치에 들어 있는 젖산균과 유산균이 장을 튼튼하게 해주고, 된장은 해독 효과가 있을 뿐 아니라 소화기가 약한 아이의 소화를 돕습니다. 또 고추장에는 단백질과 비타민이 풍부하게 들어 있습니다. 모두 천연 식재료들이 모여 스스로 발효해 만든 훌륭한 영양소들이죠. 문제는 나트륨에 있습니다. 어른이 먹는 김치와 장류는 아이에게 너무 짤 수 있으므로 아이만을 위한 김치와 장을 따로 만들어주세요. 엄두가 나지 않는 엄마들을 위해 누구나 쉽게 따라 할 수 있는 아이 김치(238~241p 참조) & 장류(25p 참조)를 만드는 방법도 이 책에 담았습니다.

다른
아이들보다
입이 짧아요.

Q&A.7

아이마다 자라는 속도는 다 다릅니다. 평균 기준치가 있지만 조금 덜 미치기도 하고, 넘어서기도 하죠. 주위 아이와 비교하기보다 아이들은 저마다 각각 특성이 있다는 것을 알아야 합니다. 식욕 또한 마찬가지입니다. '이만큼은 먹어야 한다, 이 정도밖에 안 먹으면 안 클 텐데'라는 고정관념과 불안감을 버리고 아이 식습관이 어떤지, 얼마큼 먹는지, 어떤 체질인지를 아는 것이 중요합니다. 아이 키와 체중 등 성장 발달이 정상임에도 부모가 아이 성장에 만족하지 못해 걱정하는 경우가 더 많습니다. 평균적으로 체격이 작은 편이더라도 부모의 평균 신장을 감안하면 만족스러운 성장을 하고 있는 경우가 대부분이죠. 부모가 왜소한 체격인 경우 아이 성장에 기대 심리가 크기 때문에 아이가 적절한 식욕을 가지고 있는데도 식욕부진이라 여기고 음식을 강요하기 쉽습니다. 만약 아이가 평균 발달 수치보다 6개월 이상 차이가 나거나 기력이 없고 식사량이 터무니 없이 적다면 소아청소년과 전문의와 상의해야 합니다.

❶ 부모가 아이의 성장 발달을 정확히 파악해야 한다 아이가 잘 자라고 있는지, 아이 성장과 영양 상태에 대해 정확히 아는 것이 중요하다. 미심쩍다면 소아과를 방문해 아이의 성장 발달 정도를 체크해보는 것이 좋다. 부모의 근거 없는 걱정과 관심으로 아이에게 음식을 강제로 먹이다 보면 아이는 식사 시간과 음식에 거부감을 느끼고, 부모와 아이의 애착관계에도 악영향을 미친다.
❷ 음식의 양보다 아이 식습관에 주목한다 아이가 얼마큼 먹느냐보다 얼마나 올바른 식습관을 가지고 있느냐가 중요하다. 식사 시간은 아이에게 음식을 먹이는 시간이 아니라 가족이 함께하는 시간이라고 생각해야 한다. 가능한 한 한 자리에서 정해진 시간에 온 가족이 함께 즐겁게 식사를 하면 아이 식습관을 파악하기 좋고, 아이 또한 스트레스를 받지 않고 제대로 밥상머리 교육을 받을 수 있다.

아이가 우유를
싫어해요.
대신 무엇을 먹이면
좋을까요?

Q&A.8

아이에게 우유를 하루에 얼마큼씩 먹인다는 양을 정해놓고 반강제로 먹이는 경우가 있습니다. 알레르기가 생겨 우유를 못 먹이면 아이가 평생 작은 키로 살아야 할 것처럼 걱정하기도 하죠. 하지만 영양의 보고라 알려진 우유는 알레르기의 주원인이며, 서양인에 비해 우유를 흡수하는 유당 소화효소가 적은 동양인은 우유를 먹고 탈이 나는 경우도 많습니다. 우유에는 골격 성장을 돕는 칼슘이 풍부하지만, 칼슘이 실제로 뼈를 튼튼하게 하기 위해서는 비타민과 구리, 아연, 철 등 여러 가지 미네랄이 필요합니다. 즉, 우유 한 가지만으로 키가 크는 효과를 볼 수 없는 것이죠. 동질의 영양소를 가진 안전한 식품은 많습니다. 직접 콩을 갈아 두유를 만들어 먹이거나 소화가 잘되는 곡류로 만든 미숫가루, 과일을 이용한 발효 음료수를 먹이세요. 성장기라고 특정 음식에 강박관념을 가질 필요는 없습니다. 영양소를 골고루 다양하게 섭취하는 것이 무엇보다 중요합니다.

아이에게 필요한 영양소를 제대로 먹였는지 잘 모르겠어요.
Q&A.9

이 시기에는 아이가 어떤 영양소를 섭취했는지 체크하는 것도 중요합니다. 유아식 식단에서 중요한 것은 양보다 질입니다. 무엇을 얼마나 먹었느냐보다 필요한 영양을 제대로 섭취했느냐가 관건이죠. 음식을 많이 먹어도 특정 영양소가 부족할 수 있고, 양은 적더라도 필수 영양소를 모두 섭취할 수 있습니다. 아이가 흰 쌀밥과 고기로만 배를 채웠다면 단백질과 탄수화물 외에 섬유질이나 비타민, 무기질, 칼슘 등 다른 영양소는 부족할 수 있습니다. 편식으로 배를 채우는 것보다 적게 먹더라도 반찬을 골고루 먹는 것이 영양학적으로는 효율적이죠. 아이가 영양을 고루 섭취할 수 있도록 엄마가 노력해야 합니다. 재료에 어떤 영양소가 들어 있는지, 아이에게 어떤 영양소가 필요한지, 아이가 한 끼에 먹는 영양소는 무엇인지 체크합니다. 예를 들어 아침과 점심에 섬유질이 부족한 식사를 했다면 저녁에는 섬유질을 보충할 수 있는 음식을 준비합니다. 쉬운 일은 아니지만 하루 이틀에 완벽하게 해내려는 조바심을 버리고 꾸준히 노력하면 하루하루 달라지는 아이 모습을 발견할 수 있을 것입니다.

엄마가 알아둬야 할 5대 영양소 ● **탄수화물** 쌀, 보리, 현미, 고구마, 감자 등 ● **단백질** 쇠고기, 돼지고기, 닭고기, 어패류, 달걀, 콩 등 ● **칼슘** 우유, 요구르트, 치즈, 버터, 뼈째 먹는 생선 등 ● **무기질 & 비타민** 녹황색채소, 해조류, 버섯류 등 ● **지방** 참기름·들기름·올리브유 등 식물성 기름, 호두·아몬드 등 견과류, 두유 등

김, 달걀프라이가 없으면 밥을 안 먹으려고 해요.
Q&A.10

김과 달걀프라이는 아이들이 무척 좋아하는 반찬입니다. 조미 김은 사서 상에 올리기만 하면 되고 달걀프라이는 프라이팬에 기름만 두르고 튀기면 되니까 간편하기도 하고요. 김 자체는 건강한 식품입니다. 문제는 조미 김 2g을 섭취할 때 소금의 양은 2.73mg이라는 것입니다. 사람 혀에는 맛을 감지하는 기능을 하는 '미뢰'라는 조직이 있습니다. 미뢰의 기능은 나이 들수록 떨어지기 때문에 한번 짠맛에 길든 사람은 갈수록 소금을 더 많이 먹습니다. 짠맛에 길든 아이는 반찬이 싱거우면 맛이 없다고 느낍니다. 맨김을 구워주면 아이가 조미 김보다 적게 먹는다는 것을 알 것입니다.

달걀 또한 단백질이 풍부한 영양 만점 식품입니다. 게다가 다양한 조리법으로 활용할 수 있죠. 문제는 아이가 달걀프라이만 좋아하는 경우입니다. 유난히 달걀프라이만 좋아하는 이유는 기름에 튀긴 달걀은 입 안에 닿는 느낌이 부드럽고 고소한 맛이 나기 때문입니다.

김과 달걀프라이 자체가 나쁜 반찬은 아닙니다. 단, 아이가 영양소를 고르게 섭취하고 다양한 식재료의 맛을 볼 수 있게끔 식단을 구성하는 것이 중요합니다. 조미 김은 소금을 털어내 소금 섭취량을 조금씩 줄이고, 달걀은 프라이도 좋지만 채소를 넣은 달걀찜, 달걀말이 등 다른 조리법으로도 요리해주세요.

INDEX

ㄱ

가지된장덮밥	088
간장김밥	102
간장무조림	214
간장우동볶음	140
간장조림닭가슴살덮밥	092
감자수제비국밥	134
감자샐러드	164
감자우유전	062
감자찹쌀수제비	056
감자찜닭	116
감잣국	078
게살밥그라탱	192
게살부추달걀국	126
견과류절편샌드	205
고구마매시	168
고구마치즈전	222
고추장삼겹살덮밥	172
고추장소스립	166
구운 참치소주먹밥	066
김치말이주먹밥	068
김치볶음	164
김치짜장볶음	156
김치치즈덮밥	138
깍두기	236
꽃빵샌드위치	148

ㄴ

느타리버섯쇠고기덮밥	052

ㄷ~ㄹ

다진고기장조림	044
달걀국	156
달걀굴림밥	146
달걀밥	106
달걀부촛국	084
달걀브로콜리스크램블드덮밥	136
달걀찜밥	186
닭가슴살칼국수	054
닭가슴살콜리플라워볶음	084
닭안심감잣국	040

당근초나물　218
대구구이간장조림　036
대구살호박국　042
데리야키쇠고기덮밥　086
데리야키연어덮밥　170
된장잡채　158
동태살완자조림　040
두부강정깻잎덮밥　090
두부김칫국채소튀김　124
두부닭고기덮밥　046
두부된장국　076
두부유부소면　058
두부새우동그랑땡　038
두부새우볶음　082
두부조림　230
뚝배기버섯불고기밥　132

ㅁ

맑은뭇국　112
명란맑은국　038
매콤토마토소스　168

물김치국수　060
미나리물김치　216
미소된장국　072
미역냉국　080
미역오징어초무침　220

ㅂ

바나나팥칼국수　184
바지락미역국　034
백김치　237
버섯미역국　074
베트남쌀국수　180
봉골레스파게티　094
부추감자전　122
부추바지락맑은국　116
북어부춧국　044
브로콜리바지락볶음　112

ㅅ

사과동치미　239

시금치게살볶음 034
시금치달걀말이 120
새우고구마조림 076
새우브로콜리볶음 074
새우청경채볶음 118
새우탕 098
쇠고기간장볶음 154
쇠고기맑은국 082
쇠고기뭇국 036
숙주게살초무침 078
숙주탕 154
순두붓국 160
순두부탕 190

아몬드쿠키 203
아욱된장국 030
아침감자 144
애호박새우살국 120
연두부달걀찜 030
양배추애호박볶음 114

양배추파프리카숙채 232
양송이버섯달걀구이 064
양송이수프 162
오렌지소스굴튀김 072
오렌지소스닭가슴살강정 197
오렌지소스쇠고기탕수육 201
오렌지주스셔벗 198
오렌지주스수프 200
오렌지주스화채 199
오미자비빔국수 142
오이김치 238
오징어덮밥 128
오징어동그랑땡덮밥 050
오징어채소볶음 080
오징어튀김 168
온메밀국수 096
우렁된장비빔밥 228
우유달걀말이 042
유부바지락된장볶음 160
육개장칼국수 182

ㅈ

잣들깨탕 100
짜장소스연근볶음 126
조랭이떡국 150

ㅊ

참깨미역국 118
참깨콩비짓국 032
채소죽 108
채소튀김 124
취나물호두소스무침 212
치즈김치전 208
치즈떡케이크 207
치즈샌드위치 209
치킨케사디아 162

ㅋ~ㅌ

카레달걀말이 234
콜슬로 162

콩나물국 158
콩나물무밥 176
콩비지덮밥 048
통감자구이 166

ㅍ

파프리카잡채 224
핑거치킨 164
표고버섯잡채 032
표고새우볶음 226
프렌치토스트 188

ㅎ

햄버그스테이크덮밥 174
해물짜장밥 130
호두찜케이크 204
황태콩나물맑은국 122
흰살생선미역국 114
흰살생선카레덮밥 178

하하하 유아식

저자 김명희

1판 1쇄 발행 2018년 7월 23일

펴낸이 이영혜

펴낸곳 디자인하우스 〈맘앤앙팡〉 (서울시 중구 동호로 310 **우편번호** 04616)

대표전화 (02)2275-6151

영업부직통 (02)2263-6900

등록 1977년 8월 19일, 제2-208호

요리&스타일링 최새롬(가호스튜디오)

사진 한수정(데이사공스튜디오)

디자인 김지나

일러스트레이션 정하연

교정·교열 이현숙

편집장 오정림

편집팀 박선영, 한미영, 위현아

콘텐츠랩

본부장 이상윤

영업부 문상식, 소은주

제작부 이성훈, 민나영

출력, 인쇄 금명문화

copyright@김명희

ISBN 978-89-7041-726-4 13590

가격 18,000원

이 도서의 국립중앙도서관 출판예정도서목록(CIP)은 서지정보유통지원시스템 홈페이지(http://seoji.nl.go.kr)와
국가자료공동목록시스템(http://www.nl.go.kr/kolisnet)에서 이용하실 수 있습니다. (CIP제어번호: CIP 2018021716)